陳大達（筆名：小瑞老師）●著

民航特考求勝秘笈

102年～103年飛行原理及空氣動力學考題解析

作者序

一、在目前經濟不景氣的情況下，大學畢業學生薪資大概只有22K（甚至更低），產業外流導致失業率高、無薪假的趨勢走向偏高以及大量與無預警式的裁員，造成青年就業的茫然。

二、十二年國教的施行，可以說是變相地考驗家長的財力、時間以及交際能力。偏遠、窮苦以及双薪家庭的父母，為了孩子的未來著想，也應該思考如何地培養孩子考取「軍公教」的能力，但是由於國家大量裁軍、國防政策錯誤、軍中不當管教、社會少子化以及其他種種因素，目前以公務人員的工作最穩定。

三、民航特考是所有公職人員薪資最高的工作之一，但是由於民航特考「飛行原理」與「空氣動力學」的考題並未公布答案。在網路發達的時代，雖然相關資訊流通容易，然而由於知識的種類、來源、數量繁多與氾濫以及有心人士的不良操作下，反而令考生觀念錯誤以及陷入迷思，在認知錯誤、選錯書籍以及選錯補習班的情況下，慘遭滑鐵盧是必然的結果。

四、根據作者的調查，民航特考「飛行原理」與「空氣動力學」的考試成績往往是民航特考考取的決勝關鍵，而且民航特考飛航管制與航空駕駛「飛行原理」的考試試題與航務管理「空氣動力學」的考試試題具有互通性、脈絡性以及邏輯性。我在102年首次教導民航特考的考生，創下指導學生錄取人數達到民航局民航特考所有科目的總錄取率將近一半以上的佳績，由此可知此一觀念的正確性。

五、由於民航特考有關飛行原理與空氣動力學從90年開始自101年的考題解析，作者已分別出書解答，也因為藉由讀者的回饋與互相交流，讓作者得到不少訊息和成長，所以本書除了繼續完成民航特考有關飛行原理與空氣動力學102年與103年的考題解答，並於書內增添「民航特考考試導論」內容，希望能夠讓讀者採用讓正確觀念與方式準備民航特考，成功的邁向國考成功之路。

六、本書能夠出版首先感謝內人高瓊瑞小姐在撰稿期間諸多的協助與鼓勵。除此之外，承蒙秀威資訊科技股份有限公司惠予出版以及段松秀與賴英珍二位小姐的細心編排，在此一併致謝。個人或許能力有限，如果讀者希望仍有添增、指正與討論之處，歡迎至讀者信箱src66666@gmail.com留言。

CONTENTS
目次

民航特考考試導論

民航特考考試導論

　　在目前經濟不景氣的情況下，大學畢業學生薪資大概只有22K（甚至更低）。而民航特考只須大學畢業且無科系限制，受訓完畢，薪資加上工作加給以及其他福利大約年薪近百萬。工作十年的人員甚至可超過一百五十萬，甚至到達二百萬，再加上錄取率遠比一般公職考試大的多（在103年時仍大於5％）。根據調查：由於薪資與錄取率高，近幾年的報考率有逐漸升高的趨勢，如果考生不能針對民航特考特性、慎選書籍、慎選補習班，在認知錯誤、選錯書籍以及選錯補習班的情況下，慘遭滑鐵盧是必然的結果。

一、民航特考的特性

　　公職人員考試與學校考試的最大不同是公職人員考試是希望培養即期可用的人員，而學校考試則是希望培養教育與研究的人才，二者考試的目的與方針也就決定了考試考題的內容不同。除此之外，由於國家公職人員求才與育才的考量重點是希望獲得能夠勝任工作以及可以獨立思考的公務人員，所以考試科目分成共同科目與專業科目二大類，考題的出題方向

會分成基本觀念與時事考題二種，而時事考題則是在基本觀念的基礎建立後，才能從報章、雜誌與相關媒體後中獲得，民航特考既屬公職人員考試的一種，當然也不例外。如表一所示，框線所列的是共同科目（項目一～五），框線外所列的是專業科目（項目六～八），其中項目六～八，因為應考類別而有所不同。但是航空通信與飛航諮詢類別的招考年度很少，而飛航管制以及航務管理幾乎是每年都會招考，所以建議考生可先從飛航管制以及航務管理的考試類別準備，然後再視自身興趣與需要，另行準備其他類別的科目。

民行特考（三等考試）考試科目詳列表			
飛航管制	**航空通信**	**飛航諮詢**	**航務管理**
一　國文（作文、公文與測驗）	國文（作文、公文與測驗）	國文（作文、公文與測驗）	國文（作文、公文與測驗）
二　英文	英文	英文	英文
三　法學知識（包括中華民國憲法、法學緒論）	法學知識（包括中華民國憲法、法學緒論）	法學知識（包括中華民國憲法、法學緒論）	法學知識（包括中華民國憲法、法學緒論）
四　英語會話	英語會話	英語會話	英語會話
五　民用航空法	民用航空法	民用航空法	民用航空法
六　航空氣象學		航空氣象學	運輸學
七　飛行原理	飛行原理		空氣動力學
八	通信原理	資料處理	

表一　民航特考的招考類別與考試科目表

● 二、考生對民航特考在應考觀念上常有的錯誤認知

在網路發達的時代，雖然相關資訊流通容易，但也由於知識的種類、來源、數量繁多與氾濫以及有心人士的不良操作下，反而令考生觀念錯誤以及陷入迷思。在某知名的民航補習班與某些媒體資訊的報導下，部份考生會認為：「共同科目考好，專業科目就不重要。」，但是就作者的研究以及與考取學生的交流中發現，事實上，考取民航特考的考生，在「共同

科目」的成績幾乎是差不多，真正的決勝戰場，反而是「專業科目」。而考取民航特考的考生在應考觀念上都有同樣一個特點，那就是「共同科目與專業科目並重以及注重時間管理」。

三、考生對考試科目常有的錯誤認知

　　從前面表一來看，民航特考的考試科目對文科的學生比較有利，如前所述，對於讀書認真而具文科背景的考生或是重考的考生，在文科方面的成績幾乎是差不多的（文科考試項目請參考表一中項目一～六），所以「飛行原理」或「空氣動力學」的考試成績反而是決勝的關鍵。因此對於讀書認真而具文科背景的考生只要掌握「飛行原理」或「空氣動力學」任何一科，就可以輕鬆考取。但是也因為是文科的學生，對這二科並不熟悉，以致於被不良補習班騙取了大量的金錢以及耗費了大量時間，卻一無所獲，反而愈補愈大洞，從此遠離國考錄取之路。

　　一般學生認為考「飛行原理」就準備「飛行原理」，考「空氣動力學」就準備「空氣動力學」，只要理工科畢業的大學生都能教，這是錯誤的觀念，在作者整理民航特考「飛行原理」與「空氣動力學」90～103年考題解答的過程以及民航局在102年所公布的民航特考的重點中，發現民航特考「飛行原理」的考試科目必須同時參考坊間「飛行原理」與「航空發動機」的相關書籍，而民航特考「空氣動力學」的考試科目則必須同時參考坊間「飛行原理」與「空氣動力學」的相關書籍。這二科的考試內容都是「飛機系」或「航空系」的學生才會上的課程。如果在考試科目上認知錯誤，也就代表著準備方向的錯誤。耗費大量的金錢與時間，卻慘遭滑鐵盧是必然的結果。

四、「時間就是金錢」觀念的重要性

　　民航特考的準備時間只有一年，在短短一年的準備時間，如果不能做好時間管理，根本讀不完，況且公職考試的得分要訣是「得分＝正確×

速度」，所以掌握時間是民航特考錄取的不二法門。大多數的錄取考生以「時間就是金錢」的觀念做為選擇準備方式與書籍的考量。

五、民航特考的準備方式

就民航特考而言，目前考生研習「專業科目」的方法大抵可分成三種：一、買書自修。二、參加補習班函授課程。三、參加補習班面授課程，各種方式的優缺點如表二所示，概略說明如後。

民航特考考生研習專業科目優缺點交叉比對表			
	優點	缺點	備考
買書自修	1.價格便宜（只需要買書）。 2.讀書自主性高。	1.很難入門，遭遇問題無人詢問。 2.易受網路與他人誤導，不易掌握讀書動向。 3.容易鬆懈，無法支持到底。	若是打算長期抗戰、實力夠、有決心而無財力者，可優先考慮。
參加函授課程	1.價格中等。 2.讀書自主性高。 3.可能容易掌握方向。	1.容易懈怠。 2.遭遇問題無人詢問。 3.教材可能是萬年或是欠缺的教材。 4.不是專業教學，反而適得其反。	若是用功考生，讀書期限充足，實力夠、有決心、能參考其他書籍者，可優先考慮。
參加面授課程	1.老師輔導，容易掌握方向 2.有課程進度，可依據進度安排讀書計劃。	1.費用高。 2.進度趕，無法暫停。 3.不適合做筆記與複習。 4.老師替換率高，不是專業，適得其反。	若授課教師為該科名師，可優先考慮。

表二　民航特考準備方式的優析分析表

從表二中，我們發現不論是參加補習班函授課程或面授課程，合格師資是非常重要的，如何判斷該補習班所請的老師是否為合格師資，只要查一下1.補習班的授課老師是否是本科出身。2.從人力銀行補習班的徵才資料顯示中查看該補習班是否經常性地更換授課教師。3.該授課教師在補習

班中是否兼任很多不同性質的課，就可發現這位教師是否為合格師資。除此之外，在購買函授或面授課程時，請務必詳讀「購物說明」條文，因為在讀者信箱中，有許多讀者反應，因為在某民航補習班購買函授課程，沒有詳讀條文，輕者發生教師臨時更換、不合格師資或不開課的購物糾紛，重者則在日後被刊登在各個媒體或網路上，造成個人與家人遭受不必要的騷擾。所以為避免自身權益受損，參加補習班前，慎選師資以及詳讀購物（購買課程）條文非常重要。

■ 六、書籍的選擇方式

　　大多數人甚至許多補習班都強調公職考試的考生時讀書最好的順序是「廣度」、「深度」、「變度」、「熟度」以及「精度」，而且應該先從「廣讀」著手，然後再「精讀」。作者並不以為然，在個人所接觸的很多考生，都是重考並且需要工作的考生。大部份會來參加公職考試的考生，家境都不是很富裕，最多是小康。參加公職考試主要是為了理想、為了孝順父母或改善家人生活，他們甚至要兼任二份工作來負擔家計，讀書時間根本不多。

　　在公職考試競爭激烈的時代中，適者生存，不適者淘汰，而且公職考試的得分要訣是「得分=正確×速度」。所以作者認為公職考試的考生讀書只有「精讀」與「再精讀」之分，除非行有餘力，再做「廣讀」。因此考生可先選取適合自己且具備系統性重點整理特性的考試專書（最好是附考古題解析）先求獲得「精度」與「熟度」，再找以歸納考古題分析為主的原理專書求取「變度」及「深度」，最後再參考其他相關書籍擴展「廣度」。然而就如同前面所說，由於參加民航特考的考生有許多是屬於文科背景的考生，先讀重點整理性的考試專書可能非常吃力，建議可以搭配原理書同時進行。

七、「飛行原理」與「空氣動力學」考試科目的特性

　　民航特考「飛行原理」與「空氣動力學」考試科目具有互通性、脈絡性以及邏輯性，說明如後。

1. **互通性**：民航特考本來就是以「就業」為導向的考試，而飛航管制、航空駕駛以及航務管理，三者工作息息相關，牽一髮而動全身，又怎麼會沒有互通性。在作者整理民航特考「飛行原理」與「空氣動力學」90～103年考題解答的過程中，發現民航特考飛航管制「飛行原理」與航務管理的「空氣動力學」每年都有60％～80％以上，都是從飛航管制與航空駕駛「飛行原理」以及航務管理「空氣動力學」的考古題衍生出來的，本書將102～103年的考題分別做分析，放在每年解答之後，有興趣的考生可做參考，甚至可用此一模式反向推衍以前各年的考題趨勢。

2. **脈絡性**：既然民航特考飛航管制「飛行原理」與航務管理的「空氣動力學」每年都有60％～80％以上，都是從飛航管制與航空駕駛「飛行原理」以及航務管理「空氣動力學」的考古題衍生出來的，又怎麼會沒有脈絡性，作者在102年寫出1.飛行原理重點整理及歷年考題詳解、2.空氣動力學重點整理及歷年考題詳解、3.航空工程概論以及4.空氣動力學概論與解析等書與其後民航局公布考試重點完全符合，並於在102年首次教導民航特考的考生，創下指導學生錄取人數達到民航局民航特考所有科目的總錄取率將近一半以上的佳績，所以由考古題找出考題脈絡的方法是可行的。除此之外，由於考題愈來愈趨向於基本觀念，並希望考生以圖解方式說明，作者已針對此做出二本圖解入門書（其中「圖解式活塞與渦輪噴射發動機入門」請報考航務管理的考生不要購買，因為102年民航局公布的考試重點，空氣動力學的考試重點並未包括航空發動機），至於用法與讀書順序，作者已將其放在每年解答之後的「建議事項」中，有興趣的考生可做參考。

3. **邏輯性**：民航特考「飛行原理」與航務管理的「空氣動力學」的考題都和飛機構造、飛機設計原則以及飛行安全有關，考試問什麼，你就答什

麼，閱卷老師心中都有一把尺，觀念正確，閱卷老師自會斟酌給分，觀念錯誤，寫再多都沒用。很多考生認為答案寫的愈多愈好，但是別忘了「考試得分＝正確×速度」，你在這一題考題上拿到完美的分數，卻沒能夠將考卷寫完，對您在考試上有何幫助？除此之外，在閱卷老師要改數百份考卷，如果你寫了許多文不切題的內容，他根本就找不到你的解題重點與觀念，你認為是加分還是扣分？所以考試觀念正確以及回答切題，也就是邏輯正確最為重要。

八、解題前思考與書籍目錄的重要性

在這段時間，我很幸運地藉由讀者信箱接觸到很多民航特考的考生，藉由彼此之間不斷的交流與溝通，發現許多民航特考的考生，不論是航空本科或是非航空本科，他們讀書的認真程度是你我無法想像的。可是雖然讀書認真，就是無法擠進民航特考的窄門，我想主要是方法錯誤的緣故。大多數的考生一味的死背考古題答案，卻不做解題前思考的動作，以致於一背就忘，一考就倒。在民航特考「飛行原理」與航務管理「空氣動力學」的考古題著重是觀念瞭解，才能在考試迅速做答。除此之外，通常一本以就業為導向的優秀原理書，會將書籍順序編排成一個適合閱讀的次序。配合這種原理書的目錄來解題與閱讀，可以讓考生養成利用關鍵字做答的能力，同時能夠讓考生以全觀性的思維來思考考古題的衍生考題。

九、結語

在公職考試競爭激烈的時代，掌控時間與效率是非常重要，聰明的人總是利用正確的方式走向成功之路，失敗的人都是不自覺地在錯誤的地方投注無謂的努力。許多考生因為不瞭解民航特考的特性，以致於不會用考古題找出考試趨勢，藉以捉出考題的重點。不會利用考試工具、不懂得慎選書籍以及不懂得慎選補習班，只是一味的苦讀，認為只要下苦功，鐵杵也能磨成繡花針。但是鐵杵沒有用對適當的方法是沒有辦法磨成繡花

針的，就算勉強磨成，你也已經垂垂老矣，兩眼昏花，用不了繡花針了。

本書增列此一內容主要是希望能夠讓讀者採用正確觀念與方式準備民航特考，成功的邁向國考成功之路。也祝福購買本書的讀者，考試順心，成功的擠進民航特考的窄門。

貳

102年～103年飛航管制
「飛行原理」試題解析

102年民航人員考試試題

等　　別：三等考試

類 科 組：飛航管制

科　　目：飛行原理

考試時間：二小時

※注意事項：

（一）不必抄題，作答時請將試題題號及答案依照順序寫在試卷上，於本試題上作答者，不予計分。

（二）禁止使用電子計算器。

一、利用柏努力定律原理設計出來皮托管（pitot tube）可量測飛行器之空速（air speed），請說明何謂：

（一）Indicated Air Speed（IAS）。

（二）Calibrated Air Speed（CAS）。

（三）Equivalent Air Speed（EAS）。

（四）True Air Speed（TAS）。

二、說明何謂高升力機翼，高升力機翼能增加飛行效能的原因何在？

三、請說明：

（一）何謂螺旋葉片推進效率？

（二）如何增進螺旋葉片推進之效率？

四、請解釋何謂：

（一）Longitudinal and Lateral Static Stability。

（二）Center of Pressure and Aerodynamic Center。

（三）Short Period Pitching Oscillation（SPPO）。

五、請解釋何謂：

（一）晴空亂流（Clear Air Turbulence）？

（二）當飛機遇側風時，請敘述如何安全降落？

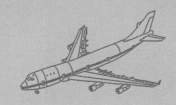

102年民航人員考試試題解析

等　　別：三等考試

類 科 組：飛航管制

科　　目：飛行原理

考試時間：二小時

※注意事項：

（一）不必抄題，作答時請將試題題號及答案依照順序寫在試卷上，於
　　　本試題上作答者，不予計分。

（二）禁止使用電子計算器。

一、利用柏努力定律原理設計出來皮托管（pitot tube）可量測飛行器之空速（air speed），請說明何謂：

（一）Indicated Air Speed（IAS）。

（二）Calibrated Air Speed（CAS）。

（三）Equivalent Air Speed（EAS）。

（四）True Air Speed（TAS）。

解題觀念

一、本題為考古題，主要是希望考生能夠掌握及明瞭空速表的原理、誤差來源以及修正方式。

二、目前，高性能飛機都採用數位式大氣資料系統，在飛機上均裝有多套大氣資料系統，而空速表、氣壓式高度表和馬赫數表僅做應急儀表之用。

三、事實上，許多航空書籍會將空速分成指示空速與真實空速二種，因為空速表顯示的是指示空速，大氣資料系統所計算出來的空速，才是真實空速。

解答

　　航空界將空速分成指示空速（Indicated Air Speed；IAS）、校準空速（Calibrated Air Speed；CAS）、當量空速（Equivalent Air Speed；EAS）以及真實空速四種（True Air Speed；TAS）四種，說明如後：

（一）**Indicated Air Speed（IAS）**：Indicated Air Speed（IAS）的中文翻譯為指示空速，它是空速表所量測出來的空速，駕駛員在飛行中瞭解指示空速主要是為了防止飛機失速，以保證飛行安全。

（二）**Calibrated Air Speed（CAS）**：Calibrated Air Speed（CAS）的中文翻譯為校準空速，由於安裝在飛機上一定位置的總、靜壓管處的氣流方向會隨著飛機的具體型號和攻角而改變，影響了總、靜壓測量的準確度，所以必須修正，校準空速是即是在指示空速數值經過位置誤差修正後的空速值。

（三）**Equivalent Air Speed（EAS）**：Equivalent Air Speed（EAS）的中文翻譯為當量空速，它是校準空速數據在經過具體高度的絕熱壓縮流修正後的空速值。

（四）**True Air Speed（TAS）**：True Air Speed（TAS）的中文翻譯為真實空速（TAS），由於空速表的刻度盤是按照海平面標準大氣狀態所標定的，隨着飛行高度改變，空氣密度也會相應改變，所以必須用現有高度的密度修正當量空速，修正後的空速值即為真實空速。

類似考古題

一、試說明空速計（Airspeed Indicator）的使用原理以及可能造成誤差的原因。（98年民航特考——飛航管制「飛行原理」考題，答案請參考秀威資訊公司所出版的飛行原理重點整理及歷年考題詳解）。

二、試討論皮氏管（Pitot tube）作為飛機空速計的工作原理為何？以及討論其產生誤差的原因，同時如何做修正或校正以減低誤差的方法？（96年民航考試——航空駕駛「飛行原理」考題，答案請參考秀威資訊公司所出版的飛行原理重點整理及歷年考題詳解）。

考題衍生問題

一、請列出柏努力方程式、基本假設以及不適用條件。（96年民航特考——航務管理「空氣動力學」考題，答案請參考秀威資訊公司所出版的空氣動力學重點整理及歷年考題詳解）。

二、請寫出完整的柏努利方程式，並請繪圖及說明公式中的各符號意義。（94年民航考試——航空駕駛「飛行原理」考題，答案請參考秀威資訊公司所出版的飛行原理重點整理及歷年考題詳解）。

三、名詞解釋：1.絕對高度。2.相對高度。3.真實高度。4.標準氣壓高度。（民航特考——航空氣象學考古題，答案請參考秀威資訊公司所出版的圖解式飛航原理簡易入門小百科）。

二、說明何謂高升力機翼，高升力機翼能增加飛行效能的原因何在？

解題觀念

本題為考古題，主要是希望考生能夠掌握及明瞭襟翼、前緣襟翼與後緣襟翼的觀念。

解答

（一）所謂高升力機翼是指加裝「增升裝置」的機翼，「增升裝置」是機翼上用來改善氣流狀況和增加升力的活動面，在飛機起飛、著陸或機動飛行時，使用增升裝置可以改善飛機飛行的性能，飛機在機翼的增升裝置主要是由各種前後緣襟翼所組成。

（二）增升裝置的工作原理大抵可分成增加機翼弦長（面積）、增加機翼的彎度以及改善縫道的流動品質等三個方面，在此說明如後：

1. **增加機翼弦長**：當機翼的弦長增加，則機翼的面積也就隨之增加，根據升力公式 $L = \dfrac{1}{2}\rho V^2 C_L S$，機翼的面積增加，升力也隨之增加。

2. **增加機翼的彎度**：機翼的升力係數 C_L 與機翼翼型的彎度（$\dfrac{h}{c}$）有關，根據二維機翼升力係數公式 $C_L = 2\pi \sin(\alpha + \dfrac{2h}{c})$，我們可以得知：在相同攻角（$\alpha$）時，機翼翼型的彎度越大，機翼的升力係數也就越大，機翼的升力係數越大，其所產生的升力也就越大。

3. **改善縫道的流動品質**：如圖所示，機翼開設縫道，可使氣流由下翼面通過縫道流向上翼面，因而延緩了氣流分離的現象發生，可以避免大攻角時可能發生的失速現象。

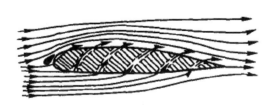

圖一　機翼縫道延遲失速現象的原理示意圖

一、請繪圖並說明使用襟翼及翼條可以產生較高升力的原因與升力係數對攻角的曲線圖（94年民航考試——航空駕駛「飛行原理」考題，答案請參考秀威資訊公司所出版的飛行原理重點整理及歷年考題詳解）。

二、何謂襟翼？何謂前緣襟翼（又稱翼條）？其在飛機上主要用途為何？其原理為何？（94年民航特考——航務管理「空氣動力學考題」，答案請參考秀威資訊公司所出版的空氣動力學重點整理及歷年考題詳解）。

三、試繪出兩種襟翼剖面示意圖，並試繪出升力係數與機翼攻角（attack angle, α）定性關係圖，並說明襟翼操作時之特性變化。（96年民航特考——航務管理「空氣動力學考題」，答案請參考秀威資訊公司所出版的空氣動力學重點整理及歷年考題詳解）。

四、機翼上之高升力裝置有那些？請舉出兩例並說明其增加升力是應用了那些機制（100年民航特考——航務管理「空氣動力學考題」，答案請參考秀威資訊公司所出版的空氣動力學重點整理及歷年考題詳解）。

一、請列出高升力襟翼的種類，並將其對升力提升的能力由小至大重新排序？並請說明其產生高升力的原因？（103年民航考試——航空駕駛「飛行原理」考題，答案請參考秀威資訊公司所出版的圖解式飛航原理簡易入門小百科或其後解答）。

二、試說明民航機前緣縫翼對失速攻角的影響，並說明為何飛機無法單獨使用前緣縫翼，而必須配合後緣襟翼同時使用，方可達到最佳效果？（103年民航特考——飛航管制「飛行原理」考題，答案請參考其後解答或秀威資訊公司所出版的航空工程概論與解析、飛行原理重點整理及歷年考題詳解、空氣動力學重點整理及歷年考題詳解、空氣動力學概論或圖解式飛航原理簡易入門小百科任何一本書）。

三、請說明：

（一）何謂螺旋葉片推進效率？

（二）如何增進螺旋葉片推進之效率？

解答

（一）螺旋槳的效率為螺旋槳的有用功率與發動機輸出的實際功率之比值，也就是：$螺旋槳效率 = \dfrac{螺旋槳的有用功率}{發動機的實際輸出功率}$，因為螺旋槳的有用功率又稱為拉力功率，而發動機的實際輸出功率即是有效功率，所以螺旋槳的效率又可表示為：$螺旋槳效率 = \dfrac{螺旋槳的拉力功率}{發動機的有效功率}$，一般螺旋槳的效率為50%～85%。

（二）增進螺旋槳效率的方法：影響螺旋槳效率的因素很多，例如螺旋槳的幾何條件、大氣的狀態以及空氣動力的性質等。所以改變螺旋槳效率之因素有：

1.保持槳葉攻角在最佳攻角狀態：螺旋槳的槳葉攻角應該在最大升阻比之處取其值，也就是最佳攻角狀態時，螺旋槳的推進效率最高，一般約在2°～4°間，但是螺旋槳的攻角會隨著飛機的飛行速度而改變，設計者根據飛機的主要用途選用最有利攻角或是使用變距系統或恆速系統（CSU）隨時調節槳葉角，使螺旋槳能在最有利攻角下工作。

2.避免葉尖速度過大：在旋轉中之槳葉，以葉尖的旋轉速度最大，因為葉尖處的渦流會使誘導阻力增加，拉力損失嚴重，而且如果轉速過大，在葉尖處容易發生震波，造成巨大的能量損失。因此在設計上必須考慮以下措施：

（1）裝置螺旋槳減速器（減速齒輪）：近代大功率的活塞式航空發動機多具備高轉速的特性，但是限於螺旋槳之構造及材質不能承受過度的離心力，而且過高的轉速，可能會使螺旋槳葉尖附近的相對速度接近音速，造成槳葉嚴重的震動，因而降低螺旋槳效率。所以對於大功率的活塞式航空發動機，在曲軸和螺旋槳軸之間必須裝有減速齒輪組（減速器），使得螺旋槳軸的轉速低於曲軸的轉速。

（2）增加槳葉數目：槳葉數目愈多則吸收馬力愈大，故大馬力之螺旋槳發動機，其所用槳葉多達三至四葉，甚至有六葉之螺旋槳。但增加槳葉數目卻會造成氣流之干擾反降低其效率，所以作為一個設計工程師必須要在其間作個適當之取捨。

3. 在適當的高度飛行：活塞式飛機在低空飛行時，由於空氣的密度較大，滑移影響較小，螺旋槳的效率較高；在高空飛行時，空氣密度較小，滑移影響較大，螺旋槳效率較低。但是由於考慮活塞式航空發動機的高度特性，必須在適當的高度飛行。

4. 適度地增大槳葉直徑：槳徑愈大，轉速愈低，可使旋轉阻力所造成的損失減少，可以提高螺旋槳的效率。但是槳徑愈大，飛機飛行所受到的形狀阻力愈大，並會造成飛機的重量增加。所以設計工程師必須考量如何適度地增大槳葉直徑，才能提高螺旋槳的效率。

本題為時事題,其來源可能有三:

一、目前二岸的交流頻繁,觀光旅遊業的盛行,無論是民間與政府對航空人才的需求愈來愈多,活塞式飛機動力裝置(活塞式發動機與螺旋槳)的基礎是民航駕駛與從事民航相關工作的人員所必須掌握的基本知識,因此被重新討論。

二、在某民航補習班飛行原理考生回覆網站,某飛行原理老師宣稱目前民航客機已無螺旋槳飛機,引起大眾熱烈討論。

三、民航局在2013年將「航空發動機」列為今後民航局「飛航管制」人員的考試,在飛行原理考試科目中的重點。

考題衍生問題

一、請說明螺旋槳飛機的制動原理與應用限制。

二、請說明螺旋槳飛機使用螺旋槳減速器的原因。

三、請說明螺旋槳產生拉力的原理。?

四、請說明滑移(退)現象的定義與其與螺旋葉片推進效率間的關係。

以上問題請參考秀威資訊公司所出版的「活塞式飛機的動力裝置」。

四、請解釋何謂：

（一）Longitudinal and Lateral Static Stability。

（二）Center of Pressure and Aerodynamic Center。

（三）Short Period Pitching Oscillation（SPPO）。

解答

（一）Longitudinal and Lateral Static Stability：Longitudinal and Lateral Static Stability的中文翻譯為縱向與橫向靜態穩定，說明如後。

1.Longitudinal Static Stability（縱向靜態穩定）：所謂縱向靜態穩定是指飛機在飛行中，如果受到偶然、突發與瞬時的微小擾動，而使飛機偏離原先的縱向平衡狀態，也就是使飛機產生俯仰（飛機的機頭向上或向下移動）的情況，但是在擾動去除後，飛機能夠不經駕駛員的操縱就具有自動地恢復到原來平衡狀態的趨勢，則稱此飛機具有縱向靜態穩定的特性。

2.Lateral Static Stability（橫向靜態穩定）：所謂橫向靜態穩定是指飛機在飛行中，如果受到偶然、突發與瞬時的微小擾動，而使飛機偏離原先的橫向平衡狀態，也就是使飛機產生滾轉（機身的翻轉運動）的情況，但是在擾動去除後，飛機能夠不經駕駛員的操縱就具有自動地恢復到原來平衡狀態的趨勢，則稱此飛機具有橫向靜態穩定的特性。

所以Longitudinal and Lateral Static Stability（縱向與橫向靜態穩定）是指飛機在飛行中，如果受到偶然、突發與瞬時的微小擾動，而使飛機產生俯仰與滾轉運動時，飛機能夠不經駕駛員的操縱就具有自動地恢復到原來平衡狀態的趨勢。

（二）Center of Pressure and Aerodynamic Center：Center of Pressure and Aerodynamic Center的中文翻譯為壓力中心與空氣動力中心，說明如後。

1.Center of Pressure（壓力中心）：所謂壓力中心是指在翼剖面上可以找到一個位置，在此處只有升力和阻力這些空氣動力作用力（aerodynamic forces）而沒有空氣動力力矩（aerodynamic moment），這個位置就是壓力中心（CP, Center of Pressure），換句話說，翼剖面產生的升力和阻力都作用在壓力中心上。

2.Aerodynamic Center（空氣動力中心）：一般而言，空氣動力力矩是攻角 α 的函數。但在翼剖面上有一點，會讓力矩不隨著攻角 α 而變，此點就是空氣動力學中心（AC, Aerodynamic Center）。

3.Short Period Pitching Oscillation（SPPO）：Short Period Pitching Oscillation的中文翻譯為短期俯仰振盪，由於民航機的主要訴求是希望讓旅客享受穩定、安全與舒適的航程，所以在縱軸穩定性的設計，是使重心在升力中心之前，讓飛機在受到陣風干擾而使飛行攻角增大時，可以使飛機隨即產生一個「下俯」的力矩，以穩定飛行姿態避免飛機攻角持續增大，產生失速的危險。除此之外，並利用控制面所附加的補助力，讓飛機在恢復到原來平衡位置的過程中所產生振動儘速地衰減後消失，藉以避免旅客因為長時間上下振動，而感覺不適，這就是短期俯仰振盪（SPPO）的原理，其目的是希望在確保飛機在縱軸的靜態穩定的情況下，快速達到縱軸的動態平衡。

一、若一架飛機在飛行時要保持在縱向的靜態穩定，其條件為何？若飛機碰到亂流或陣風，此時必須考慮動態的條件，請問如何達成動態穩定？（98年民航特考——飛航管制「飛行原理」考題，答案請參考秀威資訊公司所出版的飛行原理重點整理及歷年考題詳解）。

二、何謂飛機的空氣動力中心？何謂飛機的重心？何謂靜態穩定？該飛機要形成靜態穩定的基本條件為何？（96年民航考試——航空駕駛「飛行原理」考題，答案請參考秀威資訊公司所出版的飛行原理重點整理及歷年考題詳解）。

三、何謂壓力中心與空氣動力中心？（100年民航特考——航務管理「空氣動力學」考題，答案請參考秀威資訊公司所出版的空氣動力學重點整理及歷年考題詳解）。

請參考秀威資訊公司所出版的「航空工程概論與解析」第九章飛機的平衡與穩定的內容與範例。如想更進一步的瞭解如何用繪圖解釋「平衡與穩定」的現象，請參考秀威資訊公司所出版的「圖解式飛航原理簡易入門小百科」第八章飛機的平衡、穩定與操縱的內容

五、請解釋何謂：

（一）晴空亂流（Clear Air Turbulence）？

（二）當飛機遇側風時，請敘述如何安全降落？

解題觀念

本題為考古題所衍生出的基本觀念考題，主要是希望考生能夠掌握及明瞭惡劣天氣對飛航安全的影響。

解答

（一）所謂晴空亂流（Clear Air Turbulence）是指在對流層和平流層之間，還有一個厚度為數百米到1-2公里的過渡層，我們稱為對流層頂，在對流層頂附近溫度與風向風速之變化很大，可能影響到飛航安全、飛行效能與乘客舒適。在對流層頂附近常出現強烈風切，該一過渡層面常為亂流之所在，由於晴朗無雲，故稱晴空亂流。晴空亂流因無明顯的的導因及徵兆，再者天氣晴朗時並無微粒可供氣象雷達偵測，故目前極難預防及防範。

（二）側風降落是最複雜和危險的情況。最常遭遇到側風的可能是在降落，由於側風可能會把飛機吹離跑道中線或是讓機體產生傾斜的情況，這時就靠駕駛調整飛機角度，減緩風力對機體的衝擊，如果無法減緩衝擊，就只能重新降落。許多機師會在降落的初段使用蟹形進場，也就是飛機沿著跑道的中心線下降，並且將機首稍為轉往向風的方向。飛機在側風之下與地面相對的飛行方向，與跑道保持平衡。但同時飛機的姿態卻會與跑道形成一個蟹形角度。當飛機下降至較低高度後，則改用側滑進場的方法，也就是同時使用副翼及方向舵補償因為側風而出現的偏差，簡單來說，就是利用方向舵是用來把飛機的飛行方向調整至與跑道的方向對齊，並利用副翼將飛機維持在跑道中間線之上，直至飛機完全降落地面。

航空小常識

根據前機師饒自強指出：「風切就是強大對流氣流突然襲向地面，造成飛機忽高忽低。」另外，除了上下氣流不穩造成的垂直風切，機師最怕的還有突如其來的側風，側風的強度就像強颱颳起的陣風，再加上風是橫著跑道吹，和機身呈現垂直，遇到側風機身就會劇烈搖晃，如果機師掌握不好，飛機就可能被吹離跑道。當遇到側風時，駕駛需要調整飛機角度，減緩風力對機體的衝擊，萬一降落不成就必須重飛，或乾脆重飛，如果一再失敗就改降其他機場。

類似考古題

惡劣天氣可能導致航空事故，例如晴空亂流、風切變、雷暴、寒冷天氣引致機翼結冰、濃霧造成能見度不佳等均屬此類，隨著航空事故日益頻繁，飛航安全開始成為人們重視的課題。所以不論飛航管制與航空駕駛的「飛行原理考題」與航務管理「空氣動力學」考題均列為重點之一，相關可能考題，作者在秀威資訊公司所出版的航空工程概論第十二章已經詳細列出，請各位讀者參考。

 **總結與分析**

從本年考試可發現幾個現象，說明如後：

一、考題有60%左右為飛航管制與航空駕駛的「飛行原理考題」與航務管理「空氣動力學」的考古題，且彼此有互通性，所以若是讀者有詳細研讀秀威資訊公司所出版的「飛行原理重點整理及歷年考題詳解」的考古題與「空氣動力學重點整理及歷年考題詳解」的問答題與名詞解釋之考古題，並完全瞭解，本年考試最少可得50～60分。

二、考題有80%左右在秀威資訊公司所出版的「航空工程概論」中的內容與範例都有解釋，如果讀者在做完前面一的動作後，再以航空工程概論中的範例補強，本年考試最少可得70～80分。

三、其餘20%在秀威資訊公司所出版的「活塞式飛機的動力裝置」的書中可得答案。

 **建議事項**

如果讀者要準備飛航管制的「飛行原理」考試科目，可以做以下動作：

一、以秀威資訊公司所出版的「航空工程概論」為參考原理書，依序看完秀威資訊公司所出版的「飛行原理重點整理及歷年考題詳解」的考古題與「空氣動力學重點整理及歷年考題詳解」的問答題與名詞解釋之考古題。

二、在作者與考生藉由彼此之間不斷的交流與溝通後，發現：「大多考生雖然明白道理，但是因為航空工程知識的缺乏」，所以就算熟知答案，只要考試的問題稍加改變，就不會寫了，如果有這種現象的學生可以配合秀威資訊公司所出版的「圖解式飛航原理簡易入門小百科」做入門書籍與再做加強。

三、民航局在2013年將「航空發動機」列為今後民航局「飛航管制」人員的考試重點，佔分比例約為20%～30%。由於民航特考前幾名可自選離家近單位，如果有志爭取前幾名，以便就近照顧家庭及親友者或節省上班交通費或住宿費者，可於前二項所列書籍讀完後，購買秀威資訊公司所出版的「民用航空發動機概論」與「活塞式飛機的動力裝置」二本書籍。

103年民航人員考試試題

等　　別：三等考試

類 科 組：飛航管制

科　　目：飛行原理

考試時間：二小時

※注意事項：

（一）不必抄題，作答時請將試題題號及答案依照順序寫在試卷上，於本試題上作答者，不予計分。

（二）禁止使用電子計算器。

（三）請以黑色鋼筆或原子筆在申論試卷上作答。

一、民航機在空中飛行時，當時大氣環境溫度對整架飛機之升力、阻力、重量與推力是否有任何影響？而高溫環境會造成起飛跑道長度（Take-off Distance）何種改變？試分別詳細說明之。

二、試說明民航機前緣縫翼（Leading Edge Slat）對失速攻角的影響，及
　其對飛機飛行性能的影響。此外，吾人於飛行何種時機須使用前緣
　縫翼裝置？為何飛機無法單獨使用前緣縫翼，而必須配合後緣襟翼
　（Trailing Edge Flap）同時使用，方可達到最佳效果？

三、試說明民航機於起飛、降落與高空巡航時如分別遭受到頂風或逆風
　（Headwind）、尾風或順風（Tailwind）與下降氣流（Downdraft）影
　響時，對飛機飛行性能造成之各種影響。

四、試說明民航機渦輪風扇引擎（Turbofan Engine）之基本構造與運作原
　理，又假設此民航機於起飛降落時如遭遇冰雪、大雨或吸入樹枝葉
　片，則對當時其引擎推力性能有何影響？對此民航機起降性能又有何
　影響？試詳細說明之。

五、針對一波音B787飛機，試繪出其典型之升力係數與攻角（Angle of
　Attack, AOA）關係（CL vs. AOA）、阻力係數與攻角關係（CD vs.
　AOA）二曲線於同一張圖形之上，此關係圖之橫軸與縱軸必須註記
　數字，並儘量詳細說明此二曲線之物理意義，及其對於飛行操作時之
　啟發。

103年民航人員考試試題解析

等　　別：三等考試

類 科 組：飛航管制

科　　目：飛行原理

考試時間：二小時

※注意事項：

（一）不必抄題，作答時請將試題題號及答案依照順序寫在試卷上，於本試題上作答者，不予計分。

（二）禁止使用電子計算器。

（三）請以黑色鋼筆或原子筆在申論試卷上作答。

一、民航機在空中飛行時，當時大氣環境溫度對整架飛機之升力、阻力、重量與推力是否有任何影響？而高溫環境會造成起飛跑道長度（Take-off Distance）何種改變？試分別詳細說明之。

解題觀念

本題為考古題的綜合題，主要是希望考生能夠掌握及明瞭升力、阻力、重量與推力的公式、理想氣體方程式以及起飛距離與飛機起飛時大氣環境密度的平方成反比（也就是$\propto \dfrac{1}{\rho^2}$）的觀念。

解答

（一）飛機飛行時會受到升力、阻力、推力以及重力等四種力的作用，此四種力的公式分別為

1. 升力公式：$L = \dfrac{1}{2}\rho V^2 C_L S$；在此，L是升力；$\rho$是大氣環境密度；V是飛行速度；$C_L$是升力係數，S表示上視面積。

2. 阻力公式：$D = \dfrac{1}{2}\rho V^2 C_D S$；在此，D是阻力；$\rho$是大氣環境密度；V是飛行速度；$C_D$是阻力係數，S表示迎面面積。

3. 推力公式：$T_n = \dot{m}_a(V_j - V_a) + A_j(P_j - P_{atm})$；在此，$T_n$為噴射發動機的淨推力、$\dot{m}_a$為空氣的質流率（$\dot{m} = \rho AV$）、$V_j$為噴射發動機的噴射速度、$V_a$為飛機的飛行速度（空速）、$A_j$為噴射發動機噴嘴的噴口面積、$P_j$為噴射發動機的噴嘴的噴口壓力以及$P_{atm}$為飛機飛行時的大氣壓力。

4. 重力公式：$W = mg$；在此，W為飛機重量，m為飛機質量，g為重力加速度。

　從以上公式，我們可以得知飛機的升力、阻力、推力與大氣環境密度成正比，根據理想氣體方程式 $P = \rho RT$，在相同壓力的情況下，溫度增高則空氣密度變小（熱脹冷縮），所以飛機的升力、

阻力與推力會隨大氣環境溫度的增加而減少。反之，飛機的升力、阻力與推力會隨大氣環境溫度的降低而增加。而根據重力公式的重量與大氣環境密度無關，所以不受大氣環境溫度的影響。

（二）因為飛機的起飛距離與飛機起飛時的大氣環境密度的平方成反比，根據理想氣體方程式 $P = \rho RT$，在相同壓力的情況下，溫度增高則空氣密度變小（熱脹冷縮），所以飛機的起飛距離會隨著溫度增加而變大，這也就是夏天溫度高，起飛距離大，而冬天溫度低，起飛距離小的原因。

類似考古題

一、請以圖表示推力與航速、大氣溫度、大氣壓力以及大氣層高度的關係。（92年民航考試——航空駕駛「飛行原理」考題，答案請參考秀威資訊公司所出版的飛行原理重點整理及歷年考題詳解）。

二、使用升力公式與薄翼理論求出攻角（100年民航特考——航務管理「空氣動力學考題」考題，答案請參考秀威資訊公司所出版的空氣動力學重點整理及歷年考題詳解）。

考題衍生問題

升力公式、阻力公式、重量公式、推力公式、柏努力公式、音速公式以及馬赫數公式是飛航管制與航空駕駛「飛行原理」與航務管理「空氣動力學」所常用的公式，例如失速速度、巡航速度，甚至本題 起飛距離 $\propto \dfrac{1}{\rho^2}$ 都是由這些公式導出，所以一定要熟記。

二、試說明民航機前緣縫翼（Leading Edge Slat）對失速攻角的影響，及
其對飛機飛行性能的影響。此外，吾人於飛行何種時機須使用前緣
縫翼裝置？為何飛機無法單獨使用前緣縫翼，而必須配合後緣襟翼
（Trailing Edge Flap）同時使用，方可達到最佳效果？

解題觀念

本題為考古題，主要是希望考生能夠掌握及明瞭襟翼、前緣襟翼與後緣襟
翼的觀念。

解答

（一）如圖一所示，民航機的前緣縫翼在正常工作時，前緣縫翼打開時，
可使機翼下表面部分空氣流經上表面，從而延遲機翼上表面流體分
離現象的出現，藉以增加機翼的失速攻角（或臨界攻角），可以使
飛機在高攻角的情況下以高升力起飛。同時前緣縫翼打開可以增加
機翼弦長，藉以提高升力。

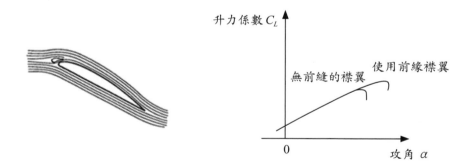

（a）前緣襟翼的工作原理示意圖　（b）使用前緣襟翼的 C_L-α 的關係示意圖

圖一

（二）民航機的前緣縫翼主要是和後緣襟翼配合，提高飛機起飛或著陸時的升力。

（三）民航機的前緣縫翼必須和後緣襟翼配合的原因有二，說明如後。

　　1.減小增升時，機翼力矩的變化。

　　2.可大幅提高升力係數與攻角的斜率，如圖二所示。

　　　　因此民航機的前緣縫翼經常與後緣襟翼配合使用，藉以達到最佳效果。

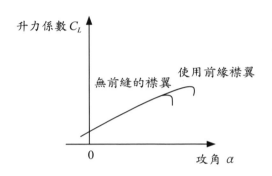 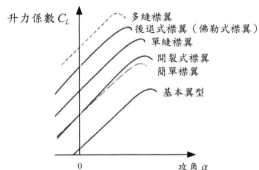

（a）使用前緣縫翼升力與功角之關係圖　（b）使用後緣襟翼升力與供姣之關係圖

圖二

類似考古題

一、請繪圖並說明使用襟翼及翼條可以產生較高升力的原因與升力係數對攻角的曲線圖（94年民航考試──航空駕駛「飛行原理」考題，答案請參考秀威資訊公司所出版的飛行原理重點整理及歷年考題詳解）。

二、何謂襟翼？何謂前緣襟翼（又稱翼條）？其在飛機上主要用途為何？其原理為何？（94年民航特考──航務管理「空氣動力學考題」，答案請參考秀威資訊公司所出版的空氣動力學重點整理及歷年考題詳解）。

三、試繪出兩種襟翼剖面示意圖，並試繪出升力係數與機翼攻角（attack angle, α）定性關係圖，並說明襟翼操作時之特性變化。（96年民航特考──空氣動力學考題，答案請參考秀威資訊公司所出版的空氣動力學重點整理及歷年考題詳解）。

四、說明何謂高升力機翼，高升力機翼能增加飛行效能的原因何在？（102年民航特考──飛航管制「飛行原理」考題，答案請參考本書前面解答）。

請列出高升力襟翼的種類，並將其對升力提升的能力由小至大重新排序？並請說明其產生高升力的原因？（103年民航考試──航空駕駛「飛行原理」考題，答案請參考秀威資訊公司所出版的圖解式飛航原理簡易入門小百科、空氣動力學重點整理及歷年考題詳解或本書其後解答）。

三、試說明民航機於起飛、降落與高空巡航時如分別遭受到頂風或逆風
（Headwind）、尾風或順風（Tailwind）與下降氣流（Downdraft）影
響時，對飛機飛行性能造成之各種影響。

解題觀念

本題為考古題的綜合題，主要是希望考生能夠掌握及明瞭相對運動原理、
升力公式、低空風切（又稱微風爆）所造成的危害。

解答

（一）民航機於起飛時所受的影響：如圖一所示，當飛機自跑道起飛時，
　　　如果遭受到逆風，會使飛機與氣流的相對速度突然增加，那麼飛機
　　　會突然的非正常上升。如果爬升通道正好通過下降（衝）氣流，則
　　　會使飛機的攻角減少，而導致升力下降，當飛機飛出下降（衝）氣流
　　　後，又到順風區，會使飛機與氣流的相對速度突然降低，因此造成升
　　　力突然減少，那麼飛機會突然的非正常下降，可能導致飛機墜毀。

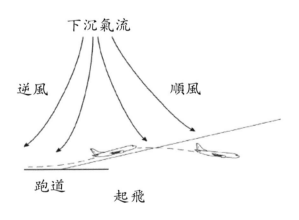

民航機於起飛時遭受低空風切
可能造成的危害

圖一

（二）民航機於降落時所受的影響：如圖二所示，當飛機著陸時，如果遭受到逆風，將會使得飛機與氣流的相對速度突然增加，因此造成升力突然增加，那麼飛機會突然的非正常上升，脫離原有的著陸航跡，如果正好通過下降（衝）氣流，會使飛機的攻角減少，所以升力會呈現突然的非正常下降，有可能高度過低造成危險。當飛機飛出下降（衝）氣流後，又進入了順風氣流，使飛機與氣流的相對速度突然降低。由於飛機在著陸過程中本來就在不斷減速，我們知道飛機的飛行速度必須大於最小速度才能不失速，突然的減速就很可能使飛機進入失速狀態，飛行姿態無法控制，而在如此低的高度和速度下，根本不可能留給飛行員空間和時間來恢復控制，從而造成飛行事故。

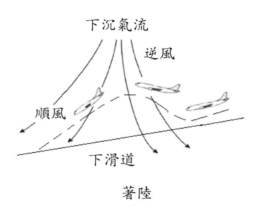

民航機於降落時遭受低空風切
可能造成的危害

圖二

（三）民航機於高空巡航時所受的影響：同理，飛機在高空巡航時，如果遭受到逆風，將會使得飛機與氣流的相對速度突然增加，因此造成升力突然增加，那麼飛機會突然的非正常上升。而遭受到下降（衝）氣流，則會使飛機的攻角減少，而導致升力下降，如果遭受到順風區，會使飛機與氣流的相對速度突然降低，因此造成升力突

然減少，雖然，民航機在高空巡航時，飛行員有足夠的空間和時間來恢復控制，但是飛機的忽然上升或下降會讓旅客極度地感覺不舒服。

類似考古題

請繪圖說明何謂低空風切並以基本的三維升力方程式說明飛機飛入低空風切前、後對升力的影響？與可能發生之狀況？101年民航考試——航空駕駛「飛行原理」原理」考題，答案請參考秀威資訊公司所出版的航空工程概論所附贈的考題詳解。

考題衍生問題

本題不僅為考古題且為時事題，其來源是因為馬亞航空難媒體討論，討論重點包括晴空亂流、風切變、雷暴、寒冷天氣引致機翼結冰、濃霧造成能見度不佳等話題，隨著航空事故日益頻繁，飛航安全開始成為人們重視的課題。所以不論飛航管制與航空駕駛的「飛行原理考題」與航務管理「空氣動力學」考題均列為重點之一，相關考古題可能考題，作者在秀威資訊公司所出版的航空工程概論第十二章已經詳細列出，請各位讀者參考。

四、試說明民航機渦輪風扇引擎（Turbofan Engine）之基本構造與運作原理，又假設此民航機於起飛降落時如遭遇冰雪、大雨或吸入樹枝葉片，則對當時其引擎推力性能有何影響？對此民航機起降性能又有何影響？試詳細說明之。

解題觀念

請參考秀威資訊公司所出版的「航空工程概論」第十章航空發動機與第十二章飛航管制與飛航安全中一、渦輪發動機的基本、構造與運作原理。二、發動機進氣道及壓縮機葉片積冰的影響。三、壓縮器失速。以及四、外物損傷（F.O.D）等觀念。

解答

（一）如圖一所示，渦輪風扇發動機是由進氣道、風扇、壓縮器、燃燒室、渦輪、噴嘴和旁通導管所組成的。從產生輸出能量的原理上講，渦輪噴氣式發動機和活塞式發動機是相同的，都需要有進氣、加壓、燃燒和排氣這四個階段，不同的是，在活塞式發動機中這4個階段是分時依次進行的，但在渦輪噴射發動機中則是連續進行的。

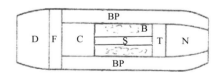

D-進氣道（Diffuser/Air Inlet Duct）
F-風扇（Fan）
C-壓縮器（Compressor）
B-燃燒室（Burner/Combustion Chamber）
T-渦輪（Turbine）
N-噴嘴（Nozzle）
S-傳動軸（Shaht）
BP-旁通管道（Bypass Duct）

圖一　前扇式渦輪風扇發動機的結構示意圖

空氣經由進氣道進入發動機，置於壓縮器前端的風扇，可視為壓縮器的一部份，用來增加流入空氣的壓力，流過風扇後，分成兩路，其中一部份的空氣經由壓縮器進入發動機的燃燒室參與燃燒，燃氣經由渦輪和噴嘴膨脹後，以高速從噴嘴排出。而另一部份的空氣則由旁通導管通過，可直接排入大氣，或是和進入燃燒室參與燃燒的燃氣混合，一起從噴嘴排出。渦輪風扇發動機的總推力是進入發動機燃燒室參與燃燒的氣流和流經旁通導管的氣流所產生的推力之總和。

（二）民航機的發動機於起飛降落時如遭遇冰雪、大雨或吸入樹枝葉片，會發動機的進氣氣流不穩定或進氣口的平穩氣流遭到阻礙，而導致推力下降。

（三）當發動機的進氣氣流不穩定時，會產生壓縮器失速現象，輕微的失速現象會在短時間內影響發動機之操作，但並不足以使壓縮器受損，然而嚴重之失速則會造成發動機失效（熄火），如果發動機發生推力不足或是失效（熄火），輕則影響民航機的起降距離，重則發生飛安事件。

類似考古題

民航局在2013年將「航空發動機」列為今後民航局「飛航管制」飛行原理考試科目中的重點，此為必然的趨勢，作者早在秀威資訊公司所出版的航空工程概論第十章已經將基本考題，以系統式、條列式以及簡明式列出與說明，本題即列入其中。如果讀者要更進一步瞭解，請參考秀威資訊公司所出版的「民用航空發動機概論（圖解式活塞與渦輪噴射發動機入門）」一書。

五、針對一波音B787飛機，試繪出其典型之升力係數與攻角（Angle of Attack, AOA）關係（CL vs. AOA）、阻力係數與攻角關係（CD vs. AOA）二曲線於同一張圖形之上，此關係圖之橫軸與縱軸必須註記數字，並儘量詳細說明此二曲線之物理意義，及其對於飛行操作時之啟發。

解題觀念

本題為考古題的綜合題主要是希望考生能夠掌握及明瞭三維（有限）機翼理論（升力係數公式）、阻力係數公式、誘導阻力（升力衍生阻力）與襟翼的觀念。

解答

（一）

1.根據三維機翼升力係數公式 $C_L = \dfrac{2\pi \sin(\alpha + \dfrac{2h}{c})}{1 + \dfrac{2}{AR}}$ ，假設波音B787

飛機的為 $\dfrac{h}{c} = 1\%$ ，失速攻角 $\alpha_{stall} = 20^0$ ，則 $\alpha = 0$ 時， $C_{L,\alpha=0} \cong 0.1$ ，

而 $\alpha = \alpha_{stall}$ ， $C_{L\max} \cong 1.76$ ，所以升力係數與攻角關係如圖一所示。

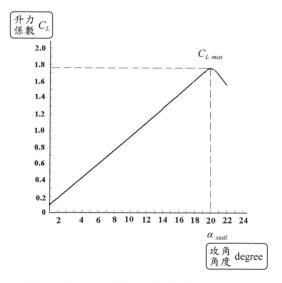

圖一　升力係數與攻角關係圖

2.根據阻力係數公式 $C_D = C_{D0} + \dfrac{C_L^2}{\pi \times e \times AR}$，假設波音B787飛機的

$C_{D0} = 0.01$ ；$e = 0.8$，則 $\alpha = 0$ 時，$C_{L,\alpha=0} \cong 0.1$，$C_{D,\alpha=0} \cong 0.01442$，

而 $\alpha = \alpha_{stall}$，$C_{L\max} \cong 1.76$，$C_{D,stall} \cong 0.147$，所以阻力係數與攻角關係如圖二所示。

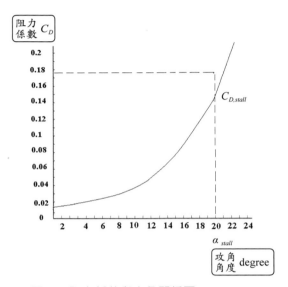

圖二　阻力係數與攻角關係圖

3.因為題目要求圖一與圖二必須畫在同一圖內，所以答案如圖三所示。

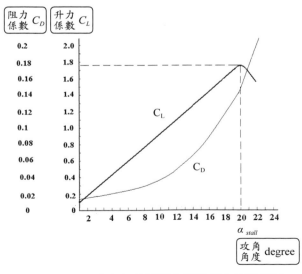

圖三　升力係數及阻力係數與攻角關係圖

民航特考求勝秘笈102年～103年飛行原理及空氣動力學考題解析

（二）從圖三中，我們可以得到幾個物理意義及其對於飛行操作時之啟發，說明如後：

1. 飛機在低攻角的時候，升力係數C_L會隨著攻角上升而變大，阻力係數C_D不大，但是到達某一攻角值時（失速攻角或臨界攻角），此時升力係數陡降，阻力係數陡升，所以飛機將無法再繼續飛行，我們稱之為飛機失速。因此，我們可以知道飛機的飛行攻角不可以大於失速攻角。

2. 當飛機升力係數增加時，阻力係數也會隨之增加，由於升力所產生的阻力，我們稱為升力衍生阻力，又稱為誘導阻力，在民航機，我們通常以翼端小尖減少或避免誘導阻力的發生。

3. 當飛機的彎度增加時，升力和阻力增加，所以當飛機起飛或降落時，我們會將襟翼下放，藉以增加機翼的面積和彎度來達到提高升力或增加阻力的目的，使飛機得以減少起飛和降落滑行的距離。

類似考古題

本題為考古題中的考古題，幾乎是每年飛航管制「飛行原理」考題、民航考試－航空駕駛以及民航特考──航務管理「空氣動力學考題」的考題重點，作者在此不加贅述，請自行參考秀威資訊公司所出版的「飛行原理重點整理及歷年考題詳解」與「空氣動力學重點整理及歷年考題詳解」二本書的考古題。

考題衍生問題

準備此類問題可參考秀威資訊公司所出版的航空工程概論第六章飛機受力情況。

 **總結與分析**

一、考題有70％以上為飛航管制與航空駕駛的「飛行原理考題」與航務管理「空氣動力學」的考古題,所以若是讀者有詳細研讀並瞭解秀威資訊公司所出版的「飛行原理重點整理及歷年考題詳解」的考古題與「空氣動力學重點整理及歷年考題詳解」的問答題與名詞解釋之考古題,並完全瞭解,本年考試最少可得60～70分。

二、考題有90～100％左右在秀威資訊公司所出版的「航空工程概論」中的內容與範例中都有解釋,如果讀者在做完前面一的動作後,再以航空工程概論中的範例做加強,最少可得90分以上。

三、從102與103年可以看出考題愈來愈趨向於基本觀念,並希望考生以圖解方式說明。

 **建議事項**

如果讀者要準備飛航管制「飛行原理」考試科目,可以做以下動作:

一、以秀威資訊公司所出版的「航空工程概論」為參考原理書依序看完秀威資訊公司所出版的「飛行原理重點整理及歷年考題詳解」的考古題與「空氣動力學重點整理及歷年考題詳解」的問答題與名詞解釋之考古題。

二、如果考生是文科學生,對基本觀念與以圖解方式說明的方式不熟悉,可配合秀威資訊公司所出版的「圖解式飛航原理簡易入門小百科」以及「民用航空發動機概論(圖解式活塞與渦輪噴射發動機入門)」做入門書籍與再做加強。

参

102年～103年航務管理「空氣動力學」試題解析

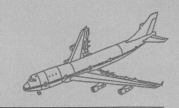

102年民航人員考試試題

等　　別：三等考試

類 科 組：航務管理

科　　目：空氣動力學

考試時間：二小時

※注意事項：

（一）不必抄題，作答時請將試題題號及答案依照順序寫在試卷上，於本試題上作答者，不予計分。

（二）可以使用電子計算器。

一、何謂理想氣體（ideal gas）的狀態方程式（equation of state）？其假設條件為何？假設在理想氣體的條件下，飛機機身上某一點的溫度為 $-10°C$，壓力為 $1.7×10^4 N/m^2$，請計算該點的空氣密度為何？假設氣體常數（gas constant）為 $R = 287 \dfrac{Nm}{kg^0 K}$。

二、皮氏管（Pitot tube）是在進行風洞實驗時常使用的量測工具之一。

（一）請說明其量測原理及如何量測空氣的流速？

（二）請討論皮氏管的量測速度的適用範圍與其如何進行修正？

三、根據空氣動力學的二維薄翼理論（2-D thin-airfoil theory），環流量（circulation）是造成機翼產生力與力矩（force and moment）的主要原因，要產生環流量則與起始渦旋（starting vortex）息息相關。請回答下列問題：

（一）解釋二維薄翼理論的基本假設為何？

（二）解釋何謂起始渦旋的成因。又何謂束縛渦旋（bound vortex）？兩者的關聯性為何？

（三）假設束縛渦旋的渦旋強度（vortex intensity）為 γ（s），其中 s 為沿著翼剖面中心線的座標，Γ 為環流量，請寫出 Γ 與 γ（s）的關係為何？

四、假設在等熵過程（isentropic process）且空氣為理想氣體的條件下，聲音速度 a 可以用方程式 $a^2 = \left(\dfrac{dp}{d\rho} \right)_{isen}$ 來表示。請回答下列問題：

（一）請導出聲音速度 a 與空氣溫度 T 的關係式。

（二）假設空氣在常溫之下為 15℃，而空氣的比熱比（specific heat ratio）γ = 1.4 請計算此時的聲音速度為何？

（三）假若高速火車以時速 300 公里的快速行駛，此時的馬赫數（Mach number）為多少？是否已經產生可壓縮性效應（compressibility effect）？（假設氣體常數（gas constant）為 $R = 287 \dfrac{Nm}{kg^0 K}$）

102年民航人員考試試題解析

等　　別：三等考試

類 科 組：航務管理

科　　目：空氣動力學

考試時間：二小時

※注意事項：

（一）不必抄題，作答時請將試題題號及答案依照順序寫在試卷上，於本

　　　試題上作答者，不予計分。

（二）可以使用電子計算器。

一、何謂理想氣體（ideal gas）的狀態方程式（equation of state）？其假設條件為何？假設在理想氣體的條件下，飛機機身上某一點的溫度為 $-10°C$，壓力為 $1.7 \times 10^4 N/m^2$，請計算該點的空氣密度為何？假設氣體常數（gas constant）為 $R = 287 \frac{Nm}{kg^0K}$。

解題觀念

一、本題為基本觀念題，為秀威資訊公司所出版的空氣動力學重點整理及歷年考題詳解計算題篇所列的十八個簡易公式之一，主要是希望考生能夠掌握及明瞭理想氣體方程式。
二、在航空空氣動力學的計算中，所用的壓力與溫度都是絕對溫度與絕對壓力，必須注意單位轉換，以免造成計算錯誤。

解答

（一）因為飛機機身上某一點的溫度為 $-10°C$，所以絕對溫度為 $(-10 + 273.15)^0K$。

（二）因為 $P = \rho RT \Rightarrow \rho = \frac{1.7 \times 10^4}{287 \times (-10 + 273.15)} = 0.225 kg/m^3$。

考題衍生問題

相關衍生考題請參考秀威資訊公司所出版的空氣動力學概論與解析第四章空氣動力學的基本公式之理想氣體方程式的內容與範例。

二、皮氏管（Pitot tube）是在進行風洞實驗時常使用的量測工具之一。

（一）請說明其量測原理及如何量測空氣的流速？

（二）請討論皮氏管的量測速度的適用範圍與其如何進行修正？

解題觀念

本題為考古題與基本觀念題的綜合題，主要是希望考生能夠掌握及明瞭柏努利方程式。

解答

（一）如圖一所示，皮氏管的量測原理是利用柏努利方程式 $P + \frac{1}{2}\rho V^2 = P_t$ 來量測空氣的流速，它是用皮氏管迎氣流的管口收集氣流的全壓，用皮氏管尾部的一圈小孔收集大氣靜壓，將收集來的全壓和靜壓分別輸入流速表，利用壓力差帶動指標偏轉，即可測出空氣的流速。

也就是利用柏努利方程式 $P + \frac{1}{2}\rho V^2 = P_t \Rightarrow V = \sqrt{\dfrac{2(P_t - P)}{\rho}}$ 來量測空氣的流速。

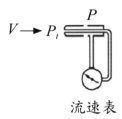

流速表

圖一　皮氏管量測空氣流速原理的示意圖

（二）由於柏努利方程式是基於不可壓縮流的假設為出發點，因此

　　1.量測速度的適用範圍：通常是在低速（$M_a < 0.3$）的情況下，皮氏管所量測出的速度可以不做修正，也就是可以將密度設為大氣的標準狀態的密度值 $\rho_0 = 1.225 kg/m^3$。

2.修正方式：當 $M_a \geq 0.3$ 時，不可以將流體流場的密度（ρ）變化忽略不計，可用等熵方程式，$\frac{P_2}{P_1} = (\frac{T_2}{T_1})^{\frac{r}{r-1}} = (\frac{\rho_2}{\rho_1})^r$，$\frac{P_t}{P} = (1 + \frac{r-1}{2}M_a^2)^{\frac{r}{r-1}}$，求出在 $M_a \geq 0.3$ 的密度（ρ）值，最後依據 $\frac{V_T}{V_E} = \sqrt{\frac{\rho_0}{\rho}}$ 的關係式求出在 $M_a \geq 0.3$ 時的空氣的流速。

類似考古題

一、試討論皮氏管（Pitot tube）作為飛機空速計的工作原理為何？以及討論其產生誤差的原因，同時如何做修正或校正以減低誤差的方法？（96年民航考試——航空駕駛「飛行原理」考題，答案請參考秀威資訊公司所出版的飛行原理重點整理及歷年考題詳解）。

二、何謂空速計（Airspeed Indicator）？它的使用原理為何？可能造成空速計的誤差有那些？（98年民航特考－飛航管制「飛行原理」考題，答案請參考秀威資訊公司所出版的飛行原理重點整理及歷年考題詳解）。

三、請列出柏努力方程式（Bernoulli's Equation）？請寫出其方程式之基本假設。（96年民航特考——航務管理「空氣動力學」考題，答案請參考秀威資訊公司所出版的空氣動力學重點整理及歷年考題詳解）。

考題衍生問題

相關衍生考題請參考秀威資訊公司所出版的空氣動力學概論與解析第四章空氣動力學的基本公式之柏努利方程式的內容與範例。

三、根據空氣動力學的二維薄翼理論（2-D thin-airfoil theory），環流量（circulation）是造成機翼產生力與力矩（force and moment）的主要原因，要產生環流量則與起始渦旋（starting vortex）息息相關。請回答下列問題：

（一）解釋二維薄翼理論的基本假設為何？

（二）解釋何謂起始渦旋的成因。又何謂束縛渦旋（bound vortex）？兩者的關聯性為何？

（三）假設束縛渦旋的渦旋強度（vortex intensity）為 γ（s），其中 s 為沿著翼剖面中心線的座標，Γ 為環流量，請寫出 Γ 與 γ（s）的關係為何？

解題觀念

本題為考古題與基本觀念題的綜合題，主要是希望考生能夠掌握及明瞭機翼理論、庫塔條件以及凱爾文定理。

解答

（一）二維薄翼理論的基本假設為

1. 無限翼展（$AR \to \infty$），因此我們可以忽視翼尖渦流所帶來的影響。

2. 對稱機翼，也就是最大彎度 $\dfrac{h}{c} = 0$。

3. 攻角非常小，$\sin\alpha \approx \alpha$。

4. 不考慮失速現象。

所以二維薄翼理論是假設機翼為對稱機翼，而且在攻角非常小，且為無限翼展與不考慮失速現象的狀況下，升力係數與攻角的關係為 $C_L = 2\pi\alpha$。

（二）

1. 基於庫塔條件，空氣流過機翼前緣時，會分成上下兩道氣流，並於翼型的尾端會合，所以對於一個正攻角的機翼而言，因為流經翼型的流體無法長期的忍受在尖銳尾緣的大轉彎（如圖一（a）

所示），因此在流動不久就會離體，造成一個逆時針之渦流（如
圖一（b）所示），使得流體不會由下表面繞過尾緣而跑到上表
面，我們稱此渦流為啟始渦流，隨著時間的增加，此渦流會逐漸
地散發至下游（如圖一（c）與（d）所示），而在機翼翼型的下
方產生平滑的流線。

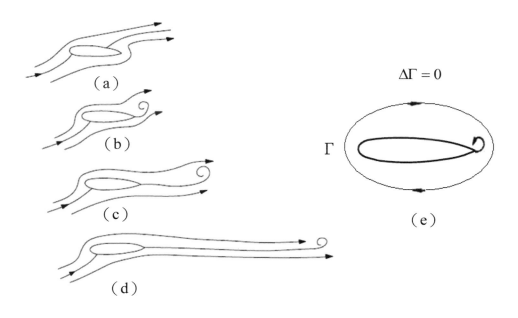

圖一　升力形成過程的示意圖

2. 根據凱爾文定理，對於無黏性流體渦流強度不會變，所以在啟始
渦流產生時，機翼的周圍會產生一個與啟始渦流大小相等、方向
相反的順時針環流，使得渦流強度保持不變，我們稱此渦流為束
縛渦流。如圖（e）所示。

3. 如前所述，因為 $\Delta\Gamma = 0$，所以起始渦旋與束縛渦旋的關係為大小
相等與方向相反。

（三）$\Gamma = \int_0^c \gamma(s)ds$；在此 C 為翼型的弦長。

一、試說明平板之升力係數C_L並請寫出C_L與攻角α之關係式及求出$\dfrac{dC_L}{d\alpha}$之斜率值。（101年民航特考——航務管理「空氣動力學」考題，答案請參考秀威資訊公司所出版的空氣動力學概論與解析所附贈解答）。

二、請針對一速度為不可壓縮流之機翼剖面（Airfoil），詳細說明其產生升力之機制，在你的敘述中請務必包含庫塔條件（Kutta Condition）之討論。（95年民航特考——航務管理「空氣動力學」考題，答案請參考秀威資訊公司所出版的空氣動力學重點整理及歷年考題詳解）。

三、試詳細說明一般民用飛機翼剖面（Airfoil）產生升力的機制，請務必包含庫塔條件（Kutta Condition）的作用。（95年年民航考試——航空駕駛「飛行原理」考題，答案請參考秀威資訊公司所出版的飛行原理重點整理及歷年考題詳解）。

相關衍生考題請參考秀威資訊公司所出版的空氣動力學概論與解析第八章機翼概論與第十章飛機受力情況的內容與範例。

四、假設在等熵過程（isentropic process）且空氣為理想氣體的條件下，聲音速度a可以用方程式 $a^2 = \left(\dfrac{dp}{d\rho}\right)_{isen}$ 來表示。請回答下列問題：

（一）請導出聲音速度a與空氣溫度T的關係式。

（二）假設空氣在常溫之下為15℃，而空氣的比熱比（specific heat ratio）$\gamma = 1.4$ 請計算此時的聲音速度為何？

（三）假若高速火車以時速300公里的快速行駛，此時的馬赫數（Mach number）為多少？是否已經產生可壓縮性效應（compressibility effect）？（假設氣體常數（gas constant）為 $R = 287\dfrac{Nm}{kg^0 K}$）

解題觀念

一、本題為考古題與基本觀念題的綜合題，主要是希望考生能夠掌握及明瞭音速、馬赫數、可壓縮性流與不可壓縮流的判定方式。

二、在航空空氣動力學的計算中，所用的壓力與溫度都是絕對溫度與絕對壓力，必須注意單位轉換，以免造成計算錯誤。

解答

（一）因為 $a = \sqrt{(\dfrac{\partial P}{\partial \rho})_s} = \sqrt{\gamma(\dfrac{\partial P}{\partial \rho})_T}$ ，且因為理想氣體方程式 $P = \rho RT$ ，所以

$\left.\dfrac{\partial P}{\partial \rho}\right|_T = RT$ ，因此 $a \equiv \sqrt{\left. r\dfrac{\partial P}{\partial \rho}\right|_T} \Rightarrow a = \sqrt{rRT}$ 。

（二）因為 $a = \sqrt{\gamma RT} = \sqrt{1.4 \times 287 \times (15 + 273.15)} = 340.26(m/s)$ 。

（三）

1. 高速火車的馬赫數 $M_a = \dfrac{V}{a} = \dfrac{300}{340.26} = 0.88$ 。

2. 因為當 $M_a \geq 0.3$ 時，氣流為可壓縮流，不可以將流體的壓縮性效應忽略不計。高速火車的馬赫數為0.88，所以已經產生了可壓縮性效應。

一、試推導音速表示式 $a = \sqrt{(\dfrac{\partial P}{\partial \rho})_S}$，並說明在理想氣體情況下，音速僅為溫度的函數（90年民航特考——航務管理「空氣動力學」考題，答案請參考秀威資訊公司所出版的空氣動力學重點整理及歷年考題詳解）。

二、一架飛機以時速 $700km/hr$ 在高度為 $10km$ 進行巡航（cruise）飛行。若機身外面空氣量得的溫度為223.26K，壓力為 $2.65 \times 10^4 N/m^2$，密度為0.04135 kg/m^3。已知氣體常數（gas constant）為287 $m^2/sec^2 K$ 公尺。試計算在此高度的聲音速度，而此時飛機的飛行馬赫數（Mach number）為多少？（97年民航特考——飛航管制「飛行原理」考題，答案請參考秀威資訊公司所出版的飛行原理重點整理及歷年考題詳解）。

三、何謂可壓縮流（compressible flow）與不可壓縮流（incompressible flow）？一般民航機在進行巡航飛行時，其機身外面的流場是屬於那一種？試解釋說明之。（96年民航特考——飛航管制「飛行原理」考題，答案請參考秀威資訊公司所出版的飛行原理重點整理及歷年考題詳解）。

考題衍生問題

相關衍生考題請參考秀威資訊公司所出版的空氣動力學概論與解析第四章空氣動力學的基本公式的內容與範例。

總結與分析

一、考題有90～100%左右是航務管理「空氣動力學」和飛航管制與航空駕駛的「飛行原理」的考古題,所以如果讀者有詳細研讀並瞭解秀威資訊公司所出版的「空氣動力學重點整理及歷年考題詳解」與「飛行原理重點整理以及歷年考題詳解」二本書的考古題,本年考試最少可得70～80分。

二、考題有90%左右在秀威資訊公司所出版的「空氣動力學概論與解析」中的內容與範例中均有詳細解釋,如果讀者在做完前面一的動作後,再以「空氣動力學概論與解析」的範例補強,本年考試最少可得90分以上。

三、從題目中可以看出考題愈來愈趨向於基本觀念,並希望考生以圖解方式說明。

建議事項

如果讀者要準備航務管理「空氣動力學概論與解析」考試科目,可以做以下動作:

一、從前面壹、民航特考考試導論中,民航特考「空氣動力學」的考試科目必須同時參考坊間「飛行原理」與「空氣動力學」的相關書籍,所以建議考生以秀威資訊公司所出版的「航空工程概論」與「空氣動力學概論與解析」為參考原理書,依序看完秀威資訊公司所出版的「飛行原理重點整理及歷年考題詳解」與「空氣動力學重點整理及歷年考題詳解」的考古題。

二、如果考生是文科學生,對基本觀念與以圖解方式說明的方式不熟悉,可配合秀威資訊公司所出版的「圖解式飛航原理簡易入門小百科」做入門書籍與再做加強。

103年民航人員考試試題

等　　別：三等考試

類　科　組：航務管理

科　　目：空氣動力學

考試時間：二小時

※注意事項：

（一）不必抄題，作答時請將試題題號及答案依照順序寫在試卷上，於本試題上作答者，不予計分。

（二）禁止可以使用電子計算器。

（三）請以黑色鋼筆或原子筆在申論試卷上作答。

一、流體流經一二維圓柱截面，經實驗量測，阻力係數（Drag Coefficient）C_D 與雷諾數 R_e 的關係如下圖所示：

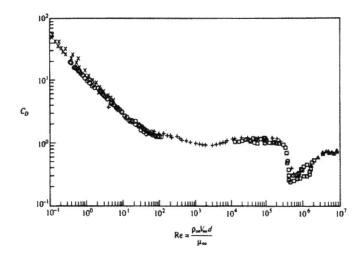

（一）請寫出阻力係數的定義。

（二）雷諾數定義中各個符號代表何項物理量？

（三）在Re處於10^5到10^6之間會有一個突降的趨勢發生，試解釋為何會發生這個突降，其現象與流場分離（Flow Separation）是否有關？

二、二維翼剖面理論所導出的庫塔——賈考司基定律（Kutta-Joukowski Law）為 $L = \rho V \Gamma$：，其中L為單位翼展長度所產生升力，ρ 為流體密度，V為自由流流速，Γ 為環量（Circulation），試說明：

（一）何謂環量？其定義為何？

（二）翼剖面由靜止開始加速至速度V，過程中環量如何產生？

（三）翼剖面外形與環量產生的關係。

三、說明飛機在操控時所需要的控制面（Control Surface）名稱，其所在位置，以及各種控制面如何產生氣動力（Aerodynamic Forces）以操控飛機的俯仰（Pitch），滾轉（Roll）及偏航（Yaw）運動。

四、三維有限翼展理論（Finite Wing Theory）將飛機的尾流效應（Wake Effect）代入二維翼剖面理論而發展出升力線理論（Lifting Line Theory），在有限翼展理論中，提出了一項重要的三維效應，稱為誘導攻角（Induced Angle of Attack），請說明：

（一）何謂誘導攻角？其來源為何？

（二）何謂誘導阻力（Induced Drag）？它與摩擦力是否有關？

五、大型民航機的設計都將巡航速度（Cruise Speed）設定在馬赫數M＝0.8～0.9之間，請說明：

（一）馬赫數的定義為何？

（二）在穿音速流場（Transonic Flow）中，機翼面的空氣動力特性為何？

（三）為何民航機要選這個速度區間作為飛機設計的考量？

103年民航人員考試試題解析

等　　別：三等考試

類 科 組：航務管理

科　　目：空氣動力學

考試時間：二小時

※注意事項：

（一）不必抄題，作答時請將試題題號及答案依照順序寫在試卷上，於本
　　　試題上作答者，不予計分。

（二）禁止可以使用電子計算器。

（三）請以黑色鋼筆或原子筆在申論試卷上作答。

一、流體流經一二維圓柱截面，經實驗量測，阻力係數（Drag Coefficient）C_D 與雷諾數 R_e 的關係如下圖所示：

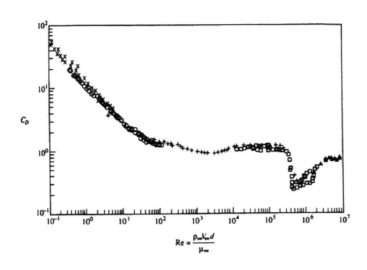

（一）請寫出阻力係數的定義。

（二）雷諾數定義中各個符號代表何項物理量？

（三）在Re處於 10^5 到 10^6 之間會有一個突降的趨勢發生，試解釋為何會發生這個突降，其現象與流場分離（Flow Separation）是否有關？

（一）$C_D \equiv \dfrac{D}{\dfrac{1}{2}\rho V^2 S}$，在此$C_D$、D、$\rho$、V、S分別為阻力係數、阻力、空氣

密度、空氣速度以及迎面面積，其物理意義為阻力對慣性力的比值。

（二）$R_e \equiv \dfrac{\rho_\infty V_\infty d}{\mu_\infty}$，在此$R_e$、$\rho_\infty$、$V_\infty$以及$\mu_\infty$分別為雷諾數以及自由流的

密度、自由流的速度、圓柱直徑以及絕對黏度（或稱動力黏度），

其物理意義為慣性力對黏滯力的比值。

（三）

1. 在圖中，Re於10^5到10^6之間會有一個突降的趨勢發生，此為臨界雷諾數（Critical Reynolds number），我們可以定義管中層流（Laminar flow）與紊流（turbulent flow）的界限點。任何流體的流動，均可以臨界雷諾數來區分層流與紊流。

2. 因為當球體表面的流場為層流時，流場分離區（Flow Separation）較大，形狀阻力也較大；當球體表面的流場為紊流時，流場分離區較小，也就是說紊流流場的流體分離點（Flow Separation Point）會比層流流場延後發生，因此形狀阻力也較小。

類似考古題

- 一、雷諾數定義為何？何謂臨界雷諾數？（98年民航考試——航空駕駛「飛行原理」考題，答案請參考秀威資訊公司所出版的飛行原理重點整理及歷年考題詳解）。
- 二、高爾夫球飛行時，有那兩種阻力作用在球上？由空氣動力學的角度，說明高爾夫球表面為何設計成凹凸面。（97年民航特考——航務管理「空氣動力學」考題，答案請參考秀威資訊公司所出版的空氣動力學重點整理及歷年考題詳解）。

相關衍生考題請參考秀威資訊公司所出版的空氣動力學概論與解析第四章空氣動力學的基本公式之「雷諾數」與第十章飛機受力情況之「流體分離」的內容與範例。

二、二維翼剖面理論所導出的庫塔——賈考司基定律（Kutta-Joukowski Law）為 $L = \rho V \Gamma$：，其中L為單位翼展長度所產生升力，ρ 為流體密度，V為自由流流速，Γ 為環量（Circulation），試說明：

（一）何謂環量？其定義為何？

（二）翼剖面由靜止開始加速至速度V，過程中環量如何產生？

（三）翼剖面外形與環量產生的關係。

解題觀念

本題為考古題與基本觀念題的綜合題，主要是希望考生能夠掌握及明瞭二維機翼理論、庫塔條件以及凱爾文定理。

※在題目升力與環量的關係應該為 $L = \rho V b \Gamma$

解答

（一）所謂環量是在機翼翼剖面所有的渦流強度（vortex intensity）的總和，也就是 $\Gamma \equiv \int_0^c \gamma(s) ds$；在此C為翼型的弦長，$\gamma$（s）為束縛渦旋的渦旋強度。

（二）基於庫塔條件，空氣流過機翼前緣時，會分成上下兩道氣流，並於翼型的尾端會合，所以對於一個正攻角的機翼而言，因為流經翼型的流體無法長期的忍受在尖銳尾緣的大轉彎（如圖一（a）所示），因此在流動不久就會離體，造成一個逆時針之渦流（如圖一（b）所示），使得流體不會由下表面繞過尾緣而跑到上表面，我們稱此渦流為啟始渦流，隨著時間的增加，此渦流會逐漸地散發至下游（如圖一（c）與（d）所示），而在機翼翼型的下方產生平滑的流線，根據凱爾文定理，對於無黏性流體渦流強度不會變，所以在啟始渦流產生時，機翼的周圍會產生一個與啟始渦流大小相等、方向相反的順時針環流（如圖一（e）所示），當機翼後方的渦流遠離

（如圖一（d）所示），此時機翼的升力完全形成，$\Gamma = \dfrac{L}{\rho Vb}$（b為機翼長度）。

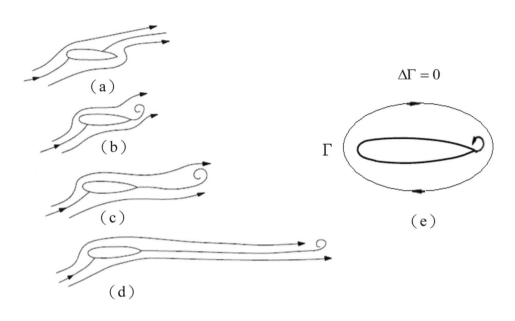

圖一　升力形成過程的示意圖

（三）基於二維機翼剖面理論 $C_L = 2\pi\sin(\alpha + \dfrac{2h}{c})$，$L = \dfrac{1}{2}\rho V^2 C_L bc$，又因為庫塔——賈考司基定律 $L = \rho Vb\Gamma$。因此 $L = \dfrac{1}{2}\rho V^2 bc \times 2\pi\sin(\alpha + \dfrac{2h}{c}) = \rho Vb\Gamma$，所以我們可得到翼剖面外形與環量產生的關係式為 $\Gamma = \pi \times V \times c \times \sin(\alpha + \dfrac{2h}{c})$，在此C為翼型的弦長，$\alpha$ 為攻角以及 $\dfrac{h}{c}$ 是最大彎度，由此可知：翼剖面的弦長、攻角以及最大彎度與環量產生量成正比。

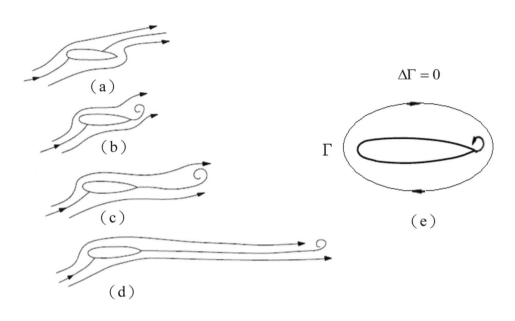

一、試解釋何謂起始渦旋的成因。又何謂束縛渦旋？兩者的關聯性為何？並寫出束縛渦旋的渦旋強度（vortex intensity）γ（s）與環量Γ的關係式。（102年民航特考──航務管理「空氣動力學」考題，答案請參考本書前面解答）。

二、請針對一速度為不可壓縮流之機翼剖面（Airfoil），詳細說明其產生升力之機制，在你的敘述中請務必包含庫塔條件（Kutta Condition）之討論。（95年民航特考──航務管理「空氣動力學」考題，答案請參考秀威資訊公司所出版的空氣動力學重點整理及歷年考題詳解）。

三、試詳細說明一般民用飛機翼剖面（Airfoil）產生升力的機制，請務必包含庫塔條件（Kutta Condition）的作用。（95年年民航考試──航空駕駛「飛行原理」考題，答案請參考秀威資訊公司所出版的飛行原理重點整理及歷年考題詳解）。

相關衍生考題請參考秀威資訊公司所出版的空氣動力學概論與解析第八章機翼概論與第十章飛機受力情況的內容與範例。

三、說明飛機在操控時所需要的控制面（Control Surface）名稱，其所在位置，以及各種控制面如何產生氣動力（Aerodynamic Forces）以操控飛機的俯仰（Pitch），滾轉（Roll）及偏航（Yaw）運動。

解題觀念

一、本題為考古題與基本觀念題的綜合題，主要是希望考生能夠掌握及明瞭飛機控制面的位置與制動原理。

二、可參考秀威資訊公司所出版的空氣動力學概論與解析第八章機翼概論「飛機控制面」的內容與範例做答，類似考古題可看本題解答下面「類似考古題」欄位。

解答

（一）飛機的控制面為升降舵、方向舵以及副翼等幾種，其位置如圖一所示。

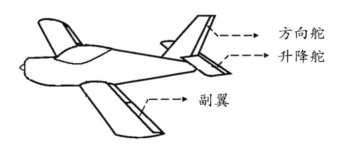

方向舵
升降舵
副翼

圖一　飛機操縱控制面的位置示意圖

　　其中升降舵是用來控制飛機的俯仰運動，方向舵是用來控制飛機的偏航運動，副翼是用來控制飛機的滾轉運動。

（二）控制面操控飛機俯仰、滾轉以及偏航運動的制動原理，說明如後。

　　1.控制面操控飛機俯仰運動的制動原理，如圖二所示。如果飛機欲執行上仰運動時，升降舵向上偏轉，由於升降舵上表面的速度比下表面的速度較慢，所以升降舵上表面的壓力比下表面的壓力較

大，所以對飛機尾端產生一個向下壓的力量。因此對飛機機頭產
生一個上仰力矩，帶動飛機機頭上仰。

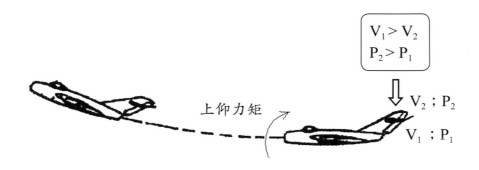

圖二　飛機執行上仰運動的原理示意圖

反之，如果飛機欲執行下俯運動，則升降舵必須向下偏轉，藉以
對飛機機頭產生一個下俯力矩，帶動飛機機頭下俯。

2.控制面操控飛機滾轉運動的制動原理，如圖三所示。如果飛機欲
　執行向右滾轉運動，則右邊副翼向上偏轉，左邊副翼向下偏轉，
　因為柏努利定律，右側機翼會產生一個向下壓的力量，左側機翼
　會產生一個向上舉的力量，因此會產生一個向右滾轉的力矩，帶
　動飛機機身向右翻轉。

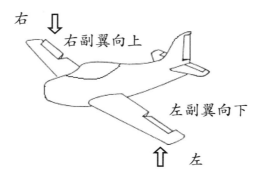

圖三　飛機執行向右滾轉運動的原理示意圖

反之，如果飛機欲執行向左滾轉運動，則左邊副翼必須向上偏
轉，右邊副翼必須向下偏轉，藉以對飛機機身產生一個向左滾轉
的力矩，帶動飛機機身向左翻轉。

3. 控制面操控飛機滾轉運動的制動原理，如圖四所示。如果飛機欲
執行向左偏航的運動時，方向舵向左偏轉，由於方向舵左面的速
度比右面的速度較慢，所以方向舵左面的壓力會比右面的壓力較
大，所以對飛機尾端產生一個向右推的力量。因此對飛機機頭產
生一個向左偏轉的力矩，帶動飛機機頭向左偏航。

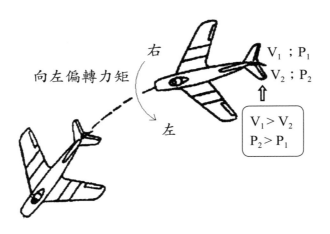

右

向左偏轉力矩

左

$V_1 ; P_1$

$V_2 ; P_2$

$V_1 > V_2$
$P_2 > P_1$

圖四　飛機執行向左偏航運動的原理示意圖

反之，如果飛機欲執行向右偏航的運動時，方向舵向必須向右偏
轉，藉以對飛機機頭產生一個向右偏轉的力矩，帶動飛機向右
偏航。

一、試繪圖說明飛機控制面的位置與制動原理。（101年民航特考——航務管理「空氣動力學」考題，答案請參考秀威資訊公司所出版的空氣動力學概論與解析所附贈的101年解答）。

二、何謂飛機之六個運動自由度？又飛機如何運用其那些主要控制面來操縱控制此三軸之旋轉？以及如何保持穩定？請詳細說明之。（92年年民航考試——航空駕駛「飛行原理」考題，答案請參考秀威資訊公司所出版的飛行原理重點整理及歷年考題詳解）。

三、試繪圖說明飛機控制面的位置與制動原理。（99年年民航考試——航空駕駛「飛行原理」考題，答案請參考秀威資訊公司所出版的飛行原理重點整理及歷年考題詳解）。

相關衍生考題請參考秀威資訊公司所出版的空氣動力學概論與解析請參考秀威資訊公司所出版的空氣動力學概論與解析第八章機翼概論「飛機控制面」的內容與範例。

四、三維有限翼展理論（Finite Wing Theory）將飛機的尾流效應（Wake Effect）代入二維翼剖面理論而發展出升力線理論（Lifting Line Theory），在有限翼展理論中，提出了一項重要的三維效應，稱為誘導攻角（Induced Angle of Attack），請說明：

（一）何謂誘導攻角？其來源為何？

（二）何謂誘導阻力（Induced Drag）？它與摩擦力是否有關？

解題觀念

一、本題為考古題，主要是希望考生能夠掌握及明瞭誘導阻力的發生原因與其所引發的效應。

二、可參考秀威資訊公司所出版的空氣動力學概論與解析第十章飛機受力情況「飛機的阻力」的內容與範例做答，類似考古題可看本題解答下面「類似考古題」欄位。

解答

（一）如圖一所示，所謂誘導攻角是當機翼產生升力時，機翼的翼端部由於上下壓力差，空氣會從壓力大往壓力小的方向移動，而從旁邊往上翻，因而在兩端產生渦流，這種現象會使有效攻角變小。而原本的攻角與有效攻角之差，我們稱之為誘導攻角。所以誘導攻角是因為翼端（尖）渦流所產生的下洗氣流所造成的現象。

（二）

1. 如圖一所示，所謂誘導阻力是當機翼產生升力時，機翼翼端的下表面的壓力因為比上表面的大，空氣會從壓力大往壓力小的方向移動，而從旁邊往上翻，所以在機翼的兩端產生渦流（翼尖渦流），因而所產生的阻力。

2. 誘導阻力是隨著升力的產生而產生的，如果沒有升力，也就不存在誘導阻力，所以誘導阻力又稱為升力衍生阻力，所以它和摩擦力無關。

圖一　翼尖渦流示意圖

類似考古題

一、一般稱誘導阻力為因升力而產生之阻力，請解釋此阻力之成因為何？
（100年民航特考──航務管理「空氣動力學」考題，答案請參考秀威資訊公司所出版的空氣動力學重點整理及歷年考題詳解）。

二、試說明翼端渦流（Trailing Vortices）的產生機制及其對飛機起飛、降落時的影響。（95年民航考試──航空駕駛「飛行原理」考題，答案請參考秀威資訊公司所出版的飛行原理重點整理及歷年考題詳解）。

考題衍生問題

相關衍生考題請參考秀威資訊公司所出版的空氣動力學概論與解析請參考秀威資訊公司所出版的空氣動力學概論與解析第十章飛機受力情況「飛機的阻力」的內容與範例。

五、大型民航機的設計都將巡航速度（Cruise Speed）設定在馬赫數M＝0.8～0.9之間，請說明：

（一）馬赫數的定義為何？

（二）在穿音速流場（Transonic Flow）中，機翼面的空氣動力特性為何？

（三）為何民航機要選這個速度區間作為飛機設計的考量？

解題觀念

一、本題為考古題，主要是希望考生能夠掌握及明瞭穿音速流場的概念

二、可參考秀威資訊公司所出版的空氣動力學概論與解析第九章飛行速度區域的內容與範例做答，類似考古題可看本題解答下面「類似考古題」欄位。

解答

（一）如圖一所示，馬赫數的定義：$M_a \equiv \dfrac{V}{a}$，在此V是指空速（飛機飛行速度），a是指音速。

（二）如圖一所示，當飛機飛行的速度在到達臨界馬赫數時，因為機翼上表面前方的加速性以及氣流超過音速產生震波的減速現象，所以通常飛機飛行在接近（小於）音速時（飛機到達臨界馬赫數時），飛機機翼上表面的速度就會超過音速，因而產生震波，空氣氣流在通過震波後，氣流又降為次音速。此種流場，我們稱之為穿音速流場。因為流場混合的緣故，在穿（跨）音速流區域，飛機會產生強烈的振動，嚴重時在機翼的後方會產生流體分離，甚至曾經出現過機毀人亡的事故。

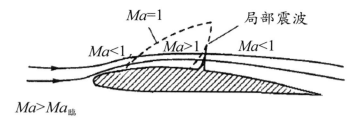

圖一　在穿音速流場中，機翼面的空氣動力特性的示意圖

（三）由於現代飛機的製造技術突飛猛進，我們可用後掠翼與超臨界翼型機翼延遲臨界馬赫數或消彌在機翼上曲面的局部超音速現象，利用後掠翼可使機翼的臨界馬赫數增加到0.87左右（傳統翼型約為0.7），如果想要更進一步延遲臨界馬赫數，就必須採則用超臨界翼型機翼，超臨界翼型機翼可使飛機在馬赫數到0.96左右，上表面才會出現馬赫數等於1的現象，而且可以消彌機翼上曲面局部超音速現象，但是由於超臨界翼型機翼上表面較平坦，所以升力會減小，而且機翼的強度不夠，必須增加補強設計，所以目前民航機多採用後掠翼設計，藉以延遲臨界馬赫數，因此選擇馬赫數M＝0.8～0.9之間這個速度區間作為飛機設計的考量。

類似考古題

一、試說明為何近代高性能民航機的巡航速度多設定在穿音速區間；在此音速附近，翼表面的空氣動力特徵為何？請以馬赫數為參數，說明升力係數與阻力係數在由次音速跨越至超音速時的特徵趨勢變化。（98年民航特考──航務管理「空氣動力學」考題，答案請參考秀威資訊公司所出版的空氣動力學重點整理及歷年考題詳解）。

二、何謂臨界馬赫數（critical Mach number）？機翼的厚薄與臨界馬赫數大小有何關聯？（97年民航特考──航務管理「空氣動力學」考題，答案請參考秀威資訊公司所出版的空氣動力學重點整理及歷年考題詳解）。

考題衍生問題

相關衍生考題請參考秀威資訊公司所出版的空氣動力學概論與解析請參考秀威資訊公司所出版的空氣動力學概論與解析第九章飛行速度區域的內容與範例。

總結與分析

一、考題有90～100％左右是航務管理「空氣動力學」和飛航管制與航空駕駛的「飛行原理」的考古題,所以若是讀者有詳細研讀並瞭解秀威資訊公司所出版的「空氣動力學重點整理及歷年考題詳解」與「飛行原理重點整理以及歷年考題詳解」二本書的考古題,本年考試最少可得70～80分。

二、考題有90～100％左右在秀威資訊公司所出版的「空氣動力學概論與解析」中的內容與範例中都有詳細解釋,如果讀者在做完前面一的動作後,再以「空氣動力學概論與解析」的範例補強,本年考試最少可得90分以上。

三、從題目中可以看出考題愈來愈趨向於基本觀念,且希望考生以圖解方式說明。

建議事項

如果讀者要準備航務管理「空氣動力學」考試科目,可以做以下動作:

一、從前面壹、民航特考考試導論中,民航特考「空氣動力學」的考試科目必須同時參考坊間「飛行原理」與「空氣動力學」的相關書籍,所以建議考生以秀威資訊公司所出版的「航空工程概論」與「空氣動力學概論與解析」為參考原理書依序看完秀威資訊公司所出版的「飛行原理重點整理及歷年考題詳解」與「空氣動力學重點整理及歷年考題詳解」的考古題。

二、如果考生是文科學生,對基本觀念與以圖解方式說明的方式不熟悉,可配合秀威資訊公司所出版的「圖解式飛航原理簡易入門小百科」做入門書籍與再做加強。

肆

參考資料——

102年～103年民航考試
航空駕駛「飛行原理」試題解析

102年民航人員考試試題解析

等　　別：三等考試

類 科 組：航空駕駛

科　　目：飛行原理

考試時間：二小時

※注意事項：

（一）不必抄題，作答時請將試題題號及答案依照順序寫在試卷上，於本
　　　試題上作答者，不予計分。

（二）禁止使用電子計算器。

一、中長程飛機機翼翼端加裝翼端小翼（Winglet）的主要原因為何？而短程飛機翼端為何無此裝置？試詳細說明其緣由及物理現象。又新型波音B787客機翼端為何無明顯之翼端小翼？試詳細說明之。

解答

（一）由於當機翼產生升力時，機翼的翼端部會因為上下壓力差，而產生翼尖渦流，它會造成阻力增加、升力減少以及引發尾流效應，所以中長程飛機機翼翼端加裝翼端小翼，透過改變翼尖附近的流場從而削減翼尖因上下表面壓力不同所產生之渦流與降低誘導阻力。

（二）使用翼端小尖會增加機翼根部的力矩，必須使機翼翼樑必須更加強化，同時又增加額外的重量（強化翼樑的結構重量與翼端小尖的重量）以及製造施工的複雜度，短程（輕、小）型飛機的設計理念是因為重量輕與動力小，而且受限於造價成本，因此通常採用「增加展弦比」的方式來降低誘導阻力。

（三）在飛機的設計中，通常採取翼端扭曲或加裝翼端小翼的措施，使氣流繞翼尖的上下流動受到限制，藉以降低誘導阻力，採用鯊魚鰭式翼尖小翼，同時採取翼端扭曲或加裝翼端小翼的措施，再加上其展弦比較大，所以無明顯之翼端小翼。

二、為什麼民用飛機飛行速度愈快者，飛行高度將愈高？其原因為何？又一般飛機在長途巡航（Cruise）時，飛行高度會隨飛行時間增加而愈來愈高，試由升力、阻力、推力、重量等四種力的觀點闡述之。

解答

（一）為了讓飛機能以較快的速度飛行，在飛機機體不變的情況下，應盡量減少阻力，才能達到高速飛行。根據阻力公式（$D = \frac{1}{2}\rho V^2 C_D S$）與大氣特性，飛機飛行的阻力會隨著飛行的高度增加而減少。目前高速民航飛機多用渦輪風扇發動機，其具有高空運轉的特徵，這是因為該類發動機必須吸入大量空氣，當飛機採用高速飛行時，可獲得足夠的進氣質量與進氣動能，以充分發揮其性能。雖然發動機的推力也會隨飛行高度的增加而減少，但是高度增加，空氣阻力會因為空氣稀薄而降低，所以不致於影響飛機的飛行速度。尤其是在高空運作下，飛機飛行的阻力小，更能展現其經濟效益與性能，這也是民用飛機飛行速度愈快者，飛行高度將愈高的原因。

（二）飛機飛行時會受到升力（L）、阻力（D）、推力（T）以及重力（W）等四種力的作用，當處於巡航狀態時，升力等於重力，推力等於阻力，也就是L＝W以及T＝D。由於隨著飛機的飛行時間增加會使得燃油減少，因此飛機重量會逐漸減輕，如果要保持巡航狀態，升力（L）也必須逐漸降低，根據升力公式（$L = \frac{1}{2}\rho V^2 C_L S$）與大氣特性，飛機飛行的升力會隨著飛行的高度增加而減少，所以飛機在長途巡航（Cruise）時，飛行高度會隨飛行時間增加而愈來愈高。又因為雖然推力隨高度而減少，但阻力亦隨高度減少，所以飛機仍以等速度飛行。

三、試以升力係數對攻角（Angle of Attack）圖說明當升力係數為最大時，飛機速度將達到失速速度（Vstall）。而失速速度愈小者，代表該飛機安全性能愈佳，試詳細闡述之。又在飛機起飛離開地面時，吾人希望達到的速度為1.2倍失速速度，其原因為何？

解答

（一）

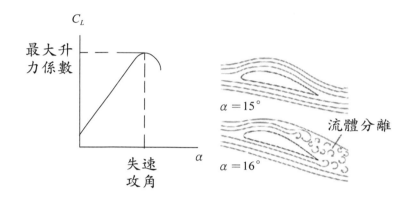

　　如圖所示，我們以不對稱機翼為例，所謂失速現象是指飛機到達失速（臨界）攻角時，機翼會產生流體分離現象，造成升力急速下降的情形。失速（臨界）攻角所對應的升力係數為升力係數為最大升力係數，而失速時的速度，我們稱之為失速速度。所以當升力係數為最大時，飛機速度將達到失速速度（Vstall）。

（二）如圖所示，並依據飛機失速的觀念與公式，$L = W = \dfrac{1}{2}\rho V_{stall}^{2} C_{L\max} S$，在失速時失速速度愈小，最大升力係數愈大，其所對應的失速攻角愈大，也就代表該飛機安全性能愈佳。

（三）法規規定，為安全起見，飛機起飛（takeoff）速度必須大於失速速度的1.1倍，但若飛機的起飛速度（VTO）為失速速度的1.1倍，則升力等於重力，即無法將平行的飛機自跑道的拉起，轉向至爬升角度，故希望飛機的起飛速度為失速速度的1.2倍。

四、與起飛、爬升及巡航階段相比，飛機降落時困難度最高的原因為何？
試詳細說明之。又降落在一道面積水的濕滑跑道上時，將可能遭遇何
種危險現象？吾人應如何因應？試詳細闡述之。

解答

（一）飛機降落時飛行員首先需要跟目的地機場做聯繫，塔台將告知飛
　　　行員機場風向、風速以及降落跑道。飛機在1.濃霧視線不佳看不清
　　　降落跑道2.機場跑道有飛機未離開3.機場跑道有障礙物未清除4.未
　　　接獲塔台通知降落的情況無法降落，只好在空中盤旋，等待塔台
　　　管制人員通知降落。飛機在降落時，最怕的是低空風切還有側風，
　　　當遇到突如其來的側風，駕駛需要調整飛機角度，減緩風力對機
　　　體的衝擊，如果機師掌握不好，飛機就可能被吹離跑道。由於飛
　　　機必須要在跑道的1/3前觸地（touch down），否則必須要重飛（go
　　　around），當遇到側風時，萬一降落不成就必須重飛，或乾脆重飛，
　　　如果一再失敗就改降其他機場。所以飛機在降落時困難度最高。

（二）飛機降落在一道面的濕滑跑道上時，地面積水會造成飛機降落的滑
　　　行距離加長。除此之外，地面積水時，水的聚積是不對稱的，這些
　　　都有可能會造成飛機降落時，飛安事件的發生。所以機師會使用副
　　　翼與機輪刹車等使飛機減速，並利用方向舵調整地面積水而出現的
　　　偏差。

五、一民用飛機在高空巡航時，如遇右發動機熄火失效或左邊吹來的一陣強側風，此時飛行員應如何分別操控因應之？其操作原理為何？試詳細闡述之。

解答

（一）飛機在右發動機熄火失效，必須關閉引擎的時候，飛行電腦會命令飛機做以下的動作：

　　1.油料配重系統會將油料送至靠飛機左邊的儲油空間，藉以增加飛機左邊配重。

　　2.方向舵配平以及副翼配平，會自動將飛機控制在平穩飛行的狀態。所以現在有全自動飛行電腦的民用飛機，不幸遇到右發動機熄火失效，飛行員只要降低左發動機的速度，控制在最低飛航速度，再跟當地機場請求迫降（crash landing）。

（二）民用飛機在高空巡航時，在左邊吹來的一陣強側風，飛機機頭會偏右（偏離航向），飛行員應調整方向舵向左偏轉，由於方向舵左面的速度比右面的速度較慢，所以方向舵左面的壓力會比右面的壓力較大，所以對飛機尾端產生一個向右推的力量。因此對飛機機頭產生一個向左偏轉的力矩，帶動飛機機頭向左偏航。

103年民航人員考試試題解析

等　　別：三等考試

類 科 組：航空駕駛

科　　目：飛行原理

考試時間：二小時

※注意事項：

（一）不必抄題，作答時請將試題題號及答案依照順序寫在試卷上，於本
　　　試題上作答者，不予計分。

（二）禁止使用電子計算器。

一、請將下列高升力襟翼（Flap）對升力提升的能力由小至大重新排序？
並請說明其產生高升力的原因？

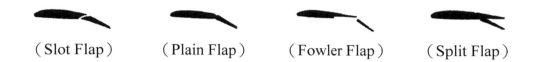

（Slot Flap）　　（Plain Flap）　　（Fowler Flap）　　（Split Flap）

解答

（一）題目所列之後緣襟翼分別為開縫式襟翼（Slotted Flaps）、平式襟翼
（Plain Flaps）、佛勒式襟翼（Fowler Flaps）以及開裂式襟翼（Split
Flaps），為飛機的高升力襟翼，對升力提升的能力如圖所示。

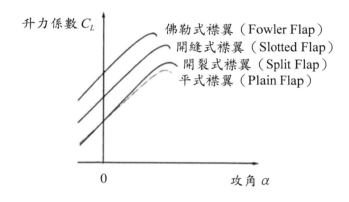

各種後緣襟翼升力與攻角之關係圖

　　　　所以對升力提升的能力由小至大依序為平式襟翼（Plain Flaps）、
開裂式襟翼（Split Flaps）、開縫式襟翼（Slotted Flaps）以及佛勒
式襟翼（Fowler Flaps）。

（二）後緣襟翼提升機翼升力的原理是使用增加機翼的彎度、增加機翼弦長
以及延遲氣流分離現象來提高流經機翼上表面氣流的品質的裝置，題
目所列之後緣襟翼依據升力提升的能力由小至大依序說明如後。

1.平式襟翼（Plain Flaps）：平式襟翼使用時只向下偏轉一定的角
度，使得機翼彎度增加，它的增升效率低，但是構造簡單，多用
在輕型飛機上。

2.開裂式襟翼（Split Flaps）：這種襟翼本身像塊薄板，平時處於收上位置時緊貼於機翼後緣下部，使用時向下偏轉，好像機翼後緣沿弦面裂開一樣。在開裂處形成一低壓區，對機翼上表面氣流具有吸引作用，使機翼上表面流速增加，從而增加升力，開裂式襟翼結構亦十分簡單，在小型低速飛機上應用得較廣泛。

3.開縫式襟翼（Slotted Flaps）：這種襟翼的鉸接點位於機翼下的後方，當襟翼放下時，氣流會自襟翼與機翼之間形成的縫隙流過，除能增加機翼的彎度和弦長外，襟翼與機翼之間形成的縫隙還可使氣流由下翼面通過縫道流向上翼面，延遲氣流分離（失速現象）的發生，因此達到提高升力的效果。

4.佛勒式襟翼（Fowler Flaps）：佛勒式襟翼在機翼後緣的下半部是活動的翼面，使用時，襟翼會沿著滑軌向後退，同時會向下偏移，它一方面增加了機翼的彎度，同時也大大增加機翼後部的面積，且題目所列之佛勒式襟翼還有開縫襟翼的作用，所以其增加升力效率最高。

二、請說明飛機避免在空中遭受雷擊的主要設備中文、英文名稱與其運作原理為何？現今大量採用的複合材料機身另外會以何方式避免雷擊損害？

解答

（一）如圖所示，飛機避免在空中遭受雷擊的主要設備為靜電釋放器（static discharge wicks；又名靜電刷）。飛機的機身在天上與空氣、水氣摩擦，難免會帶有靜電，在一般的情況下，電荷會均勻分布到金屬機身表面。但是如果飛機的機身上累積過多的靜電，很容易吸引到雷電，所以飛機在機翼尖端或機身尾部，都會裝上靜電刷，在飛行過程中將累積在機身上的靜電釋放到空氣中。

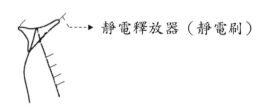

靜電釋放器（靜電刷）的外觀示意圖

（二）因為飛機的機身採用導體材料，當雷擊發生時，電流會沿著光滑的外表面傳導，不會造成「電壓差」，電流最後由機翼伸出的「靜電刷」放電，電流也不會穿透機身對旅客造成傷害，但是為了維護飛航安全，進一步的保障旅客安全，在飛機設計時仍採用了1.所有關鍵性的蓋板在雷擊後不會熔化。2.在複合材料結構中加入避雷條。3.飛機結構設計成良好的導通性（低電阻值），可以避免雷擊時產生過熱。4.避免雷擊所產生的電磁干擾，造成儀器的損壞以及5.安裝密封性佳、防止火花引爆的結構油箱等五種措施，降低雷擊對飛機所產生的危害，這也就是為什麼有些旅客看到飛機被閃電擊中卻安然無恙的原因。儘管飛機的抗雷能力強，但是任何的標準都是有限度的。

三、若大型民航機、超音速戰鬥機、長程螺槳轟炸機及戰鬥直昇機均採用噴射引擎為動力，請說明它們最可能採用的噴射引擎種類的中文、英文名稱為何？它們使用此種噴射引擎的主要原因為何？

解答

（一）大型民航機、超音速戰鬥機、長程螺槳轟炸機及戰鬥直昇機可能採用的噴射引擎種類依序為渦輪風扇發動機（Turbofan engine）、渦輪噴射發動機（Turbojet engine）、渦輪螺旋槳發動機（Turboprop engine）以及渦輪軸發動機（Turboshaft engine）。

（二）它們使用此種噴射引擎的主要原因主要是因為活塞式航空發動機所產生的動力小，且其動力呈間歇性的輸出，不夠穩定，而噴射引擎的動力大且動力是穩定且毫無間斷地均衡輸出的緣故。

四、請列出機場跑道的儀器降落系統（Instrument Landing System；ILS）主要提供的三種無線電信號中文、英文名稱？並請繪圖說明各無線電信號的功能為何？

解答

（一）儀表降落系統（ILS）的地面設備由航向信標（Localizer；LOC；又稱航向台）、下滑信標（Glide Slope；GS；又稱下滑台）和指點信標（Marker；MB）三部分組成。

（二）如圖所示，航向信標（Localizer；LOC；又稱航向台）安裝在跑道中心線的延長線上，其任務是提供與跑道中心線相垂直的無線電航道信號，做為與飛機相對跑道航向道的水平位置指引。下滑信標（Glide Slope；GS；又稱下滑台）設置於位於跑道入口端一側，提供飛機相對跑道入口的垂直位置的指引。指點信標（Marker；MB）架設在進近方向的跑道中心線的延長線上，它向上輻射一個錐形波束，發射功率為12W，因為功率小，只有當飛越其上空時，飛機上才能收到信號，並發出相應的聲響和燈光信號，向飛行器提供地標位置信號資訊，大、中型機場都設置有三個指點信標。

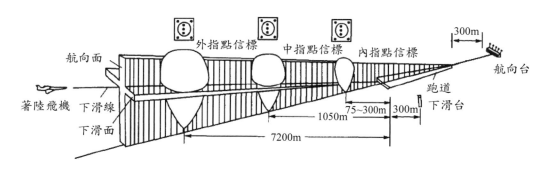

儀表降落系統（ILS）設備與位置的示意圖

五、請說明協和式超音速客機與Boeing747廣體客機的機翼設計有何主要差異？其空氣動力學原理為何？

解答

（一）協和號超音速客機是世界上至今最高速的載客航空器，最高速度可超過馬赫數2，波音747是全球首架廣體噴射客機，其飛行速度與其它同類型飛機差不多，時速約為0.85馬赫。其氣動力外形如圖所示。

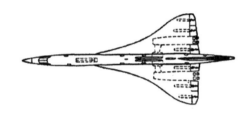 

（a）協和式超音速客機的氣動外形　　　（b）波音747的氣動外形

協和號超音速客機與波音747的氣動力外形示意圖

　　從圖中我們可以發現

1.協和號超音速客機是採用細長流線型的細腰機身以及三角翼機翼的飛機設計。

2.波音747是採用寬厚機身以及後掠機翼的飛機設計。

（二）由於當飛機飛行的速度在到達臨界馬赫數時，會產生音障，飛機受到了震波的影響，速度無法增長，飛機強烈振動，甚至出現過機毀人亡的事故，現代噴氣式飛機應用最廣避免音障的方法有二：

1.採用後掠機翼，提高飛機產生音障的臨界飛行速度（臨界馬赫數），讓飛機以較高且不受音障的影響飛行。例如波音747，它以巡航速度約0.85馬赫（音速）在大氣層飛行，但是卻不受到音障的影響。

2.採用三角翼機翼以及細長流線型的細腰機身，快速地通過穿音速流區域，避免音障的影響。

　　這也就是協和號超音速客機是採用三角翼機翼，而波音747是採用後掠機翼空氣動力學的原理。

秀威經典   考試用書類　PB0031

民航特考求勝秘笈
102年～103年飛行原理及空氣動力學考題解析

作　　者／陳大達
責任編輯／段松秀
圖文排版／賴英珍
封面設計／楊廣榕

出版策劃／秀威經典
發 行 人／宋政坤
法律顧問／毛國樑　律師
印製發行／秀威資訊科技股份有限公司
　　　　　114台北市內湖區瑞光路76巷65號1樓
　　　　　電話：+886-2-2796-3638　傳真：+886-2-2796-1377
　　　　　http://www.showwe.com.tw
劃撥帳號／19563868　戶名：秀威資訊科技股份有限公司
　　　　　讀者服務信箱：service@showwe.com.tw
展售門市／國家書店（松江門市）
　　　　　104台北市中山區松江路209號1樓
　　　　　電話：+886-2-2518-0207　傳真：+886-2-2518-0778
網路訂購／秀威網路書店：http://www.bodbooks.com.tw
　　　　　國家網路書店：http://www.govbooks.com.tw

2015年3月　BOD一版
定價：190元
版權所有　翻印必究
本書如有缺頁、破損或裝訂錯誤，請寄回更換

國家圖書館出版品預行編目

民航特考求勝秘笈：飛行原理及空氣動力學考題
解析. 102年-103年 / 陳大達著. -- 一版. --
臺北市：秀威資訊科技, 2015.03
　　面；　公分
BOD版
ISBN 978-986-326-317-3(平裝)

1. 飛行　2. 氣體動力學　3. 航空力學

447.55　　　　　　　　　　　　　　104000132

讀者回函卡

感謝您購買本書,為提升服務品質,請填妥以下資料,將讀者回函卡直接寄回或傳真本公司,收到您的寶貴意見後,我們會收藏記錄及檢討,謝謝!
如您需要了解本公司最新出版書目、購書優惠或企劃活動,歡迎您上網查詢或下載相關資料:http:// www.showwe.com.tw

您購買的書名:＿＿＿＿＿＿＿＿＿＿＿＿＿＿＿＿＿＿＿＿＿＿＿＿＿

出生日期:＿＿＿＿＿年＿＿＿＿＿月＿＿＿＿＿日

學歷:□高中 (含) 以下　　□大專　　□研究所 (含) 以上

職業:□製造業　□金融業　□資訊業　□軍警　□傳播業　□自由業
　　　□服務業　□公務員　□教職　　□學生　□家管　　□其它＿＿＿

購書地點:□網路書店　□實體書店　□書展　□郵購　□贈閱　□其他

您從何得知本書的消息?

　□網路書店　□實體書店　□網路搜尋　□電子報　□書訊　□雜誌

　□傳播媒體　□親友推薦　□網站推薦　□部落格　□其他＿＿＿＿＿

您對本書的評價:(請填代號　1.非常滿意　2.滿意　3.尚可　4.再改進)

　封面設計＿＿＿　版面編排＿＿＿　內容＿＿＿　文／譯筆＿＿＿　價格＿＿＿

讀完書後您覺得:

　□很有收穫　□有收穫　□收穫不多　□沒收穫

對我們的建議:＿＿＿＿＿＿＿＿＿＿＿＿＿＿＿＿＿＿＿＿＿＿＿＿＿

＿＿＿＿＿＿＿＿＿＿＿＿＿＿＿＿＿＿＿＿＿＿＿＿＿＿＿＿＿＿＿＿＿

＿＿＿＿＿＿＿＿＿＿＿＿＿＿＿＿＿＿＿＿＿＿＿＿＿＿＿＿＿＿＿＿＿

＿＿＿＿＿＿＿＿＿＿＿＿＿＿＿＿＿＿＿＿＿＿＿＿＿＿＿＿＿＿＿＿＿

11466
台北市內湖區瑞光路 76 巷 65 號 1 樓

秀威資訊科技股份有限公司 收

BOD 數位出版事業部

⋯⋯⋯⋯⋯⋯⋯⋯⋯⋯⋯⋯⋯⋯⋯⋯⋯⋯⋯⋯⋯⋯⋯⋯⋯⋯⋯⋯⋯⋯

（請沿線對折寄回，謝謝！）

姓　　名：＿＿＿＿＿＿＿＿　年齡：＿＿＿＿　性別：□女　□男

郵遞區號：□□□□□

地　　址：＿＿＿＿＿＿＿＿＿＿＿＿＿＿＿＿＿＿＿＿＿＿＿

聯絡電話：(日) ＿＿＿＿＿＿＿＿＿＿＿ (夜) ＿＿＿＿＿＿＿＿＿＿＿

E-mail：＿＿＿＿＿＿＿＿＿＿＿＿＿＿＿＿＿＿＿＿＿＿＿